"地 球"系 列

U0166943

THE
AIR

空 气

［英］彼得·阿迪◎著
李雨点◎译

上海科学技术文献出版社
Shanghai Scientific and Technological Literature Press

图书在版编目（CIP）数据

空气 /（英）彼得·阿迪著；李雨点译 . —上海：上海科
学技术文献出版社，2023
（地球系列）
ISBN 978-7-5439-8678-7

Ⅰ. ① 空…　Ⅱ. ① 彼…② 李…　Ⅲ. ① 空气—普及读
物　Ⅳ . ① P42-49

中国版本图书馆 CIP 数据核字 (2022) 第 192555 号

Air

Air by Peter Adey was first published by Reaktion Books in the Earth series, London, UK, 2014. Copyright © Peter Adey 2014

Copyright in the Chinese language translation (Simplified character rights only) © 2022 Shanghai Scientific & Technological Literature Press

图字：09-2020-503

选题策划：张　树　　　　　责任编辑：姜　曼
助理编辑：仲书怡　　　　　封面设计：留白文化

空　气
KONGQI
[英]彼得·阿迪　著　　　李雨点　译
出版发行：上海科学技术文献出版社
地　　址：上海市长乐路 746 号
邮政编码：200040
经　　销：全国新华书店
印　　刷：商务印书馆上海印刷有限公司
开　　本：890mm×1240mm　1/32
印　　张：5.75
字　　数：105 000
版　　次：2023 年 1 月第 1 版　2023 年 1 月第 1 次印刷
书　　号：ISBN 978-7-5439-8678-7
定　　价：58.00 元
http://www.sstlp.com

目 录

引　言

　　空气中含有 78% 的氮气、21% 的氧气、0.96% 的氩气，以及 0.4% 的其他气体及杂质。这些成分与我们每个人的生活都息息相关。于我们而言，空气必不可少。尽管空气是无形的，但并不代表我们从未触碰过空气。实际上，每人每小时就会消耗近 360 升空气。即使我们不会刻意经常去思考与空气相关的问题，但它的确值得引起我们的注意。

　　人类每次呼吸大概消耗半升空气。我们将其吸入又经由身体呼出，吸入时空气中的氧气会融入血液；当我们喘气、呼气、打嗝、放屁或侃侃而谈时又将其呼出。吸入空气时，可收缩的横膈膜进行运动，胸腔扩张，从而增加胸廓容量，产生胸内负压，使肺部吸入其所需的空气。但是，我们最需要的其实是空气中 21% 的氧气，它们会经由肺部渗入血液。存在于身体中的空气最终会与初始状态截然不同：身体吸入的是空气中的氧气，呼出时则变成了二氧化碳、水汽以及一点点热量。

　　我们的身体可以说是重要的移动空气过滤器，尤其是对会吸收我们释放出的二氧化碳的植物而言（对植物而言，这是好事）。但是我们排出二氧化碳的方式各有不同，例如经常跑步的人通常会锻炼出高肺活量来呼吸大量空气。这个量可以通过多种方式测量，最常用的应该是我们熟知的"最大耗氧量"（简称"$vO_2\,max$"，其中 v 代表容量，O_2 代表氧气）。按照体重，人们每千克每分钟平均消耗 27～40 毫升氧气。像尤塞恩·博尔特这样的运动员，据记录，他每千克每分钟的耗氧量达 80～90 毫升。此前我们曾提到氧气仅占空气的 21%，因此人类的肺一分钟内要处理大量的空气。我们需要注意，像博尔特这样的短跑运动员，10 秒内可以跑 100 米，其双脚接触地面的时间不过 0.8 秒。形象地来说，他几乎是在空中冲刺。即便对普通人而言，一生中需要消耗的空气总量在 2.65 亿升及以上。这的确是不少的空气量。

不仅是人类，所有哺乳类动物都需要呼吸空气，甚至有些生活在海洋中的生物也需要浮出海面呼吸空气。昆虫也需要呼吸，不过它们呼吸的方式大有不同。昆虫没有具体的肺部，它们依靠外骨骼上被称为"呼吸孔"的部位进行呼吸，通过呼吸孔的开合向气管输送空气，吸入的空气几乎直接进入血液。呼吸空气，有机生命体才能继续生存，才能继续运转、培育与繁殖细胞。我们体内细胞最主要的作用体现在"细胞呼吸作用"或"有氧呼吸作用"这一过程。在这个过程中，空气中的气体——也就是氧气——通过细胞的氧化分解得到了最有效的利用。细胞呼吸作用实际上是一种能够产生细胞所需能量的化学反应。当然，植物通过光合作用来呼吸，这种方式与动物截然不同。思考一下动植物使用空气的方式，我们可以得出所有生物都依赖于空气，并且对空气有大量需求的结论。最近有调查表明，人类在不久后很可能不再像以前那样过度依赖空气，因为科学家发明了一种向处于空气匮乏环境中的实验对象注射氧气的方法，即将氧气"微粒"直接注射到血液中。尽管如此，我们依旧需要认识到空气的作用实际上至关重要。

　　本书认为空气不仅是一种值得引起注意的气体，更是伴我们左右，让我们能够生存的存在。本书讨论了为何空气如此重要、我们如何感知空气的存在以及空气有什么作用或正在发挥什么作用等问题，也指出了空气是如何出现的，以及我们是如何首次通过利用空气从而发现空气的存在的。本书以空气为主题，探讨了我们是如何认识空气、感觉且感知到空气的，在这过程中我们扮演了什么角色以及我们如何在有空气的环境中生存。所以，空气不仅仅是人类社会之外的"那个世界"，它更影响着我们所有表达的方式与描述的形式。我们的故事、历史、思想、感觉以及感情都受其指导，甚至由其刻画。在本篇引言的最后，我想要追溯我们是如何认知空气的：首先空气是地球发展之初的重要物质，然后是上古世界的基础环境，启蒙运动时期科学与发明的研究对象，接着是工业革命、社会革命以及科技革命的主要基础。

空气的来源

大约在35亿年前，有机细菌和早期有机生物形态在地球上出现，这时的大气层开始发生改变。值得注意的是，在这个时代，我们最需要的氧气并不存在于原始大气中，而是集中在原始海洋中。微生物调节气体的循环和周期，从而开始向空气中输氧，并以此为有氧生物（即需要呼吸生存的生物）创造更适宜生存的环境条件。空气与地球之间的这种关系已经算不上是新假说了。比这更早的"呼气"理论曾将局部大气运动与地质成因及气象学知识联系在一起，这一理论曾于17世纪末得到英国自然学家约翰·伍德沃德的支持，也被认为是地质学理论的延伸，以及对地球奥秘的进一步探索。现代气象学为我们提供了更令人信服的推断，即假设大气层内部以及地球与海洋之间都存在着周期性的物质与能量交换。但是从全球范围内来看，没人真正明白地球大气层与生命、海洋和地质因素之间是如何相互作用的。20世纪70年代，詹姆斯·洛夫洛克和林恩·马古利斯提出的盖亚假说首次以假说的形式解答了有机生命与空气中的各种气体（如氧气、氮气以及二氧化碳）之间的关系。大气层的这种再平衡为保持更加富氧的大气层创造了条件。洛夫洛克认为，空气就像是中央供暖系统中的一个"恒温器"，大气层则保护地球上的生命免受潜在的有害或不利变化的影响。

洛夫洛克的研究吸引了许多科学家的注意，最主要的原因是他提出的盖亚假说指出了研究生物圈与大气层关系的方向。尽管存在许多问题，但重要的是盖亚假说探究了大气层的出现与生命之间更深层次的关系。洛夫洛克将大气层比作是蜗牛的壳或是哺乳动物体表的毛皮。盖亚假说也把关注点从地球转移到了外太空。经证明，洛夫洛克的研究方法对检测其他世界可能存在的生命很有价值，因为行星大气层可以帮助我们预测是否有生命存在。特定的气候能够表明空气与有机生命体之间相互影响的共生关系，大量氧气和甲烷的出现就是首要特征。所以我们发现，是空气引出了这些与生命及其他地方存在的生命有关的关键问题。

大量氧气的骤增（与现在大气层中较低的氧气浓度相比，当时大气层中的氧气浓度高达35%）导致两栖动物和昆虫出现巨大症，尤其是大型的蜻蜓，其身体长度是现存最大蜻蜓的五倍多，腹部有其两倍宽，翅展达71厘米（28英寸）。是什么导致了氧气的骤增呢？有些论断认为，当时世界上大部分负责分解植物的细菌和真菌还不能分解一种被称为"木质素"的新型有机聚合物，这是一种能够让植物和树木生长得更高、树皮更厚的物质。石炭纪时期的树木广泛吸收木质素，导致细菌无法分解这些树木，或者说细菌分解作用的失灵导致树木中的碳被埋没了沼泽地里。他们无法回到大气中，只能被困在地球的表层，等待着在工业革命时期作为燃料被挖掘出来。但我们不能轻易论断氧气浓度的增高与大型哺乳动物及昆虫的发展之间存在关联性，因为许多昆虫并没有变得那么大。1928年，生物进化学家及社会学家J.B.S.霍尔丹（后面我们会多次提到他父亲）在《保持合理体型》一文中表示："如果昆虫能够让空气只在身体组织内流动而不被血液吸收的话，它们或许已经长得像龙虾这么大了。"但是，事实上不是因为空气仅在昆虫体内组织间流动使其变得更大，而是要提高空气中氧气的浓度。一些昆虫体型变大的原因与它们的气管结构有关，有些气管并不需要那么费力地发挥作用。

重新回到这一点，吸入与呼出的空气（即植物光合作用产生的二氧化碳和植物呼吸作用产生的氧气），对构成大气层而言至关重要。并且，百万年之后，人类社会开始使用二氧化碳，届时我们的文化、政治及科学生活都会发生进一步改变。

古时对空气的研究

关于人类文明最早的一些哲学探究聚焦于空气是如何与其他重要元素组成的、更广泛的宇宙论共存的。尽管这些探究与我们刚谈到的地球状态实际上一样混乱，但这种思维在试图为原始世界明显一团糟的状态披上有序与优雅的外衣。约公元前6世纪，伊奥尼亚学派正在经历一场科学思维变革，前苏格拉底时期的思想家，如米利都学派的阿那克西美尼，将精神、灵魂与空气视为同一种界限模糊的元素，是"pneuma"（即"精神"）与"aer"（即"物质"）概念的结合，而这种思想与柏拉图哲学截然相反。柏拉图后来认为空气以某种方式存在于其他四种基础元素之中，这点我们稍后会再谈及。然而在阿那克西美尼看来，"空气就是万物之源"。这种观点认为空气与呼吸可以用作同义词。我们生活在空气之中，空气使我们相聚。

甚至在前现代时期关于空气的记录中都可以发现以现代方式为将空气分类而做出的深刻努力。例如，亚里士多德认为空气具备一种"普通"特质，因而其他元素有时会看起来与空气无差，仿佛已经与空气融为一体。有些人认为，空气是最基本的元素，比如阿那克西美尼的老师阿那克西曼德。阿那克西曼德认为空气是最重要且无穷尽的元素，是万物之源，水、土和火都是从空气中产生的。当空气被压缩时变成水，冷却时变成土，而当空气被稀释与加热时，就会变成火。与之相反，泰勒斯认为万物之源是水，而赫拉克利特认为是火。阿那克西曼德制定了元素等级，空气位于最高层。他甚至认为宇宙也是从空气中产生的。而荷马认为，空气存在于地球与大气层的中间部分。柏拉图则认为，空气与火、水、土以及将这些元素凝聚在一起的中介以太并存。

对于空气的看法向来充满争议，从未统一。尽管亚里士多德的学说可能会遭受夸张的政治嘲讽，但他后来还是否认了这种万物之源的说法，转而认同恩培多克勒的"四元素主体"的看法，即土、空气、火和水。这些元素有着四种特定的可相互组合的特质，即炎热、干燥、寒冷及湿润，元素之间可以相互结合或从一种元素变为另一种元素。因此，空气炎热且湿润，火炎热且干燥，水寒冷且湿润，而土寒冷且干燥。从这些元素中可以看出我们已经从对空气的初步分类进步到了与其他元素的对比，柏拉图将其排列为以宇宙为中心的同心环。

　　古时候人们并不认为空气是独立于人体，存在于太空或是外部领域的元素，反而被认为是不同性格元素之间排列组合的产物，医师希波克拉底和更久之后的医师盖伦将其划分为"体液学说"。古罗马医师盖伦认为世界由元素决定，年由季节组成，而人类和他们的性格由其体液决定。黄胆汁、血液、黏液和黑胆汁可以产生四种相关联的性格：乐观、暴躁、冷淡和忧郁。体液就是一种平衡物质，将人类的性格、元素的特质（湿润、寒冷、炎热和干燥）、血液、空气、胆汁和黏液的流动以及环境气候混合在一起。盖伦认为实际上是空气与心脏的血液混合才能将身体疏通，把温暖与元气输送至身体其他部位，这种观点随后遭到了威廉·哈维的否定。他在1628年的一篇关于人体血液循环的论述中问道，如果"烟和空气都是通过身体这样来来回回输送……那么为什么尸体解剖后看不到任何空气和烟呢？"公元前400年，希波

史前蜻蜓

克拉底所著的《空气、水及地方》比哈维要更早。文中
的一些探讨认为温度决定性格特点，令人不快的气流决
定行为，不可预测的暴风天气刺激了种族与民族的诞生。

　　在大多数说法中，空气将身体的问题与宇宙的运动与神明的存在联系在了一起。我们需要空气作为事物的基本秩序。空气有种特性：自身可以与其他元素相混合，也能将自己与其他元素区分开来。不止于此，空气绝不是一种简单的物质，它引发了很多与它有关的讨论和主张。

空气的重量

我们是如何得知空气的存在的呢？从某种程度上来讲，是空气的作用。换句话说，我们知道空气的存在是因为它发挥了作用。除了古时的四种元素理论和各种各样的信念体系，人们想要弄清空气组成的原因可以归结为一种典型的现代需要——使事物井然有序，类别分明。17世纪50年代，来自德国的奥托·冯·格里克可能是第一台现代抽气机的发明者，抽气机将大部分的空气抽出从而形成相对的真空状态。他广为人知的马德堡半球实验就是利用两个直径约37厘米（14英寸）的铜制空心半球完成的，两个半球的连接处涂满了油脂（以达到密封的效果），再利用有阀门的真空泵将半球之间的空气抽出。1654年于雷根斯堡前做的著名实验，奥托·冯·格里克说明真空状态确实兼具科学和神学意蕴的显著特征。问题在于：为什么将铜制空心球内的空气抽出后就很难将两个半球分开呢？

格里克分别在铜球两边安排了两组马，每组16匹，同时发力企图将铜球分开，但实验证明，即便在 32 匹马的力量作用下，两个半球也纹丝不动。格里克认为，马匹产生的拉力实际上是在与"大气中的空气质量"相抗衡。这就是气压理论，即半球之间空气重量产生的推力。实际上，格里克在实验中或许需要投入更大的力量，比如在铜球两边设置 44 匹马，来与 20 000 牛顿的力相抗衡，或者使半球之间的推力达到 4 500 磅（约为 20 017 牛顿）。但除了验证气压的特性和真空状态存在的可能性之外，实际上还有其他收获。格里克有力反驳了亚里士多德认为真空状态不可能存在的观点。当然，格里克的理论也可能是基于前人的研究成果提出来的，比如来自亚历山大利亚的天才希罗，他曾于 1 世纪完成了《气体力

加斯帕尔·斯科特，
《马德堡半球》(1657)

学》一书。希罗的"汽转球"装置组合显示，水被加热加压后所产生的水蒸气可以让装置上方的球体转动。

　　格里克的理论与一种认为真空状态是由于大自然的"排斥"才存在的思想发生了冲突。这种思想认为当空气从某个地方被抽出之后，一些物质就会相应地填补空缺的地方。这也就是为什么格里克的实验结果会与之不一致，甚至出现争议。确实很难想象，空气不仅能够产生强劲的力量，而且其本身就无可替代。格里克的《论真空》一书于 1672 年出版，在书中他将空气视为有实体的物质，并且在标题为"空气的重量"的一章中描述了空气的形状。他得出结论，使两个铜半球紧贴在一起的力就是大气层向下作用的力 —— 我们可以将其称为

汽转球（1876）

"气压"。

意大利数学家埃万杰利斯塔·托里拆利进一步拓展了格里克的观点，他于 1643 年发明了第一批用于测量气压的气压表。希腊语中"baros"意为"重量"，这里指的是大气层的重量——众所周知，空气是没有重量的，因此这个概念听起来十分不可思议。几乎是同一时期，英国化学家玻意耳将制造真空状态的能力提升到了新的高度。他于 1660 年出版了《关于空气弹性及其物理学新实验》一书，书中对空气的描述是"无休止地从各个方向散出去"并填满所有的小缝隙。玻意耳将空气的这种特性称为"弹性"。重要的是，托里拆利运用首批实验技术，不仅向我们验证了空气有"力量"（即气压），还告诉我们世界上不是所有地方的空气"力量"都是一样的。在格里克得出其研究结论的几年后，来自法国奥弗涅大区多姆山省的帕斯卡证实，不同高度的空气会随着海拔的升高展示出不同，因为空气越稀薄的地方气压越小。格里克甚至还曾指出，气压越来越低就意味着地球与月球之间的区域"不存在空气，更不用说太阳或是更远的地方了"。

空气的分类

玻意耳的实验和他发明的抽气机因约瑟夫·赖特 1768 年创作的油画《气泵里的鸟实验》而闻名。通过油画，我们可以看到一只鸟几近窒息，也可能是在凄厉嘶叫。围观者面露难色，十分悲伤。一个女孩一边张着嘴模仿鸟的样子，一边直直地盯着鸟，满怀担忧。画中有一些人背过身去，沉浸在自己的生活里或忙手头的事情。还有一个围观者捂住眼睛，不敢直视。赖特的这幅画再现了玻意耳等科学家做过的实验，玻意耳曾将一只百灵鸟放在密封箱里来观察生命在真空状态下的变化。他注意到小鸟垂下了头，紧接着萎靡不振，不断抽搐。在赖特的油画里，抽气机抽掉空气的同时，也带走了生物的生命，这种氛围我们感受得到。通过这幅画，我们似乎可以看到抽气机抽出的空气蔓延在屋子里，飘荡在围观者身边。油画中央烛光摇曳，在他们身上落下斑驳光影。

赖特的油画早于同时期的化学家约瑟夫·普里斯特

瓦伦丁·格林临摹瑟夫·赖特作品，《气泵里的鸟实验》（1769）

利，他们同是月光社的成员。约瑟夫·普里斯特利是自然哲学家，他最重要的贡献是发现氧气的存在。受格奥尔格·恩斯特·施塔尔燃素说的影响，普里斯特利将氧气称为"脱燃素空气"。燃素是更早之前炼金术中推断存在的一种元素。它推动了另一种观点的产生，这种观点认为要燃烧某一物体，必须要有古时候四大元素之一火的存在。如果一种物质被燃烧之后重量下降了，就说明燃素（或称之为火）散失在了空气里。虽然普里斯特利之前也在研究这一现象成因，但真正进一步取得进展实际上还是因为他意识到了空气在整个过程中的重要性。

　　普里斯特利证实了小动物及生物体在密封容器中会

欧内斯特·博德，《约瑟夫·普里斯特利听到法国大革命的消息》（1912），油画

死亡，1771 年，他决定观察如果把一小株薄荷（一种小型植物）放到玻璃罐里会发生什么。但奇怪的是，同样是在密闭容器中，薄荷却存活了下来。薄荷产生的气体与玻璃罐中的某种物质发生了互动。普里斯特利推断，空气因呼吸或燃烧而耗尽，而薄荷将空气脱燃素进行至极限，从而补充了玻璃罐中的氧气。至于燃素，普利斯特利认为已经释放到空气里了。补充后的氧气甚至可以使 10 天前在同一环境中熄灭的蜡烛重新开始燃烧，还能将小老鼠的生命延长近 10 分钟。普里斯特利随后在 1772 年再次进行实验。他发现，与薄荷同在一个容器中，老鼠的生存时间长达 14 分钟。上述现象以及空气在动物、植物和人体的作用令普里斯特利开始注意空气的特性，特指我们现在所知道的游离氧的特性。

根据普里斯特利实验中的物理现象，空气存在于物质之中，从某些物质中释放，或从物质中产生。普里斯特利极少使用"合成""合并""降解"或"分解"等现代化学的关键动词，而是说空气被抽出或释放。他在出版的第一本书中介绍了往水中注入空气的方法，甚至认为植物光合作用不应该被视作任何意义上的转换。普里斯特利认为"空气以聚集形态凝聚在植物体内，光的作用只是将其释放出来"，只不过是改变了形态而已。在用水、植物以及植物释放出的纯净空气做实验时，普里斯特利得出的结论是"水中含有空气，而不是水本身能够为创造纯净空气提供物质条件"。空气无处不在，只不过

爱德华·格里莫，《拉瓦锡和妻子玛丽·安妮·皮埃尔特·波尔兹一起工作》（1888年），凹版印刷

形态不同，外观也会改变。在融入另一种环境之前，空气的"气体形态"就会消失。但普里斯特利的观点在近代化学之父法国化学家安托尼·拉瓦锡面前就站不住脚了。确实，普里斯特利所称的"脱燃素空气"并不真的是空气本身，只不过空气中包含的氧气微粒因薄荷的作用而能供老鼠呼吸罢了。

普里斯特利试图理清并找到空气成分。他坚持相信即将过时的古希腊时期"四大元素"理论，实际上并没有发现真正的空气成分。在普里斯特利做过一系列实验之后，对燃素说持怀疑态度的拉瓦锡于1777年利用化学装置对钟罩内的汞和空气进行了加热。这场实验历时12天，最终在钟罩内部发现了红色的氧化汞，且容器内的空气含量有所下降。拉瓦锡发现，容器内残余的空气不再能令物质燃烧，也不能供生物体呼吸。他将这种空气称为"azote"，意思是"没有生命"，词根来自希腊语

中意为"生命"的词"zoe"，后来将它正式命名为"氮气"。在收集粉末状的氧化物并对其进行加热时产生了一种无色无味的气体，拉瓦锡认定那就是氧气，或是普里斯特利所称的脱燃素空气。在发现了氧气与氮气两种不同的气体后，拉瓦锡坚定地认为空气基本上是由不同比例的氧气与氮气组成的。

从普里斯特利的研究到近代化学，我们了解到人们是如何开始从空气的特性、对生命体的益处以及拉瓦锡及其他化学家所提出的空气的不同成分来研究空气的。拉瓦锡的《化学基本论述》一书于 1789 年出版于巴黎，书中正如普里斯特利用实验试管与实验箱小心翼翼地分离空气一样，以拉瓦锡为代表的现代化学将这些分成了化合物和合成物，为元素周期表的出现奠定了基础。空气可以被分解为大量的单质，分为氧气、氮气和氢气

《拉瓦锡和呼吸实验》，棕色画笔与笔刷画

（后面拉瓦锡会证明氢气是水的组成部分）。

　　因此，通过 17 世纪和 18 世纪的科学实验，我们可以看出空气中含有可供生物体呼吸的氧气，同时还包含其他气体和物质。它还可以产生一种我们称为"大气压"的力。空气以这样一种神秘的方式出现在人们面前，就决定了在了解空气的作用以及其如何发挥作用的过程中势必需要激烈彻底的探究。在 19 世纪，约翰·丁达尔发现空气甚至可以干扰或"散射"太阳光线，我们看到的天空之所以一直是蓝色的就是因为空气改变了从其中穿过的太阳光波长。我们甚至可以说，如果不是因为空气的特性使其能够发挥这么多作用，现有的发现，尤其是普里斯特利和拉瓦锡对氧气的探究，就不可能实现。而我们最常见的就是空气的分散能力。在普里斯特利探索的过程中，曾与拉瓦锡有过争论，也曾在 18 世纪的咖啡馆和科学场所，尤其是向学术团体和同行们传播过自己的理念位于德比的月光社，其中就包括伊拉斯谟斯·达尔文、乔赛亚·韦奇伍德、马修·博尔顿和詹姆斯·瓦特等科学人物，他们极大地影响了英国的工业、经济及科学发展。因此，空气值得一谈。

　　换句话说，在对空气的探索面前没有"小我"：科学理念都是通过合作与对话得到发展的。可以说，研究的重点就在于空气中的气体成分。此外，空气所具备的运送、传播及储存物质的能力为人类对其进行探索打下了重要基础。空气可以运输碳等资源，使 18 世纪的科学家们有机会研究它。工业革命和普里斯特利研究过程中所需的能源都得益于 3 亿年前大量的碳沉积物以及氧气的暴增，空气携带的碳被剥离开来，历经植物的光合作用、细菌无法降解以及好氧生物和昆虫的巨大症重新回到地面。这使普里斯特利的研究得以实现的丰富煤炭资源，

詹姆斯·赛耶斯，蚀版刻

实际上就在他脚下。

空气与革命

泥土、空气、火焰、水源……尽管人类将空气分为了不同的组成部分，强力地摆脱了最初简单的元素堆砌，但在接下来的几世纪中，空气再次陷入了与其他元素的混乱关系之中。在混乱的机械化工业和城市增长的背景下，空气逐渐被用于燃烧、整顿与消除社会经济发展中的不稳定因素。在北欧，城市犹如恶魔般的存在，作坊、鼓风炉、冒着浓烟的烟囱随处可见——仿佛是弥尔顿《失乐园》中的地狱。18世纪出现的巨变很大程度上是基于元素的交汇，甚至有可能迎来革命性的蒸汽时代。碳沉积物使得普里斯特利资助人的煤炭资源与火相遇，火焰依赖空气中的氧气助燃，可将水加热至蒸汽，这种湿润、受压后的空气在1764年应用于苏格兰发明家詹姆斯·瓦特所发明的机器，使其拥有高效的动力将人类活动机械化。基于我们一直在谈论的空气的一些特性，特别是气压的发现，瓦特对纽可门蒸汽机进行了改进。最初纽可门的蒸汽机使用冷凝缸，其中一端朝向空气，另一部分置于驱动机械泵的横梁的活塞之下；蒸汽释放至冷凝缸，活塞上行；再将冷水注入气缸使蒸汽冷却回到活塞下的水中。在这个过程中会产生部分真空环境，可以看到气压将活塞下压，驱动机械泵产生交替冲程。瓦

塞缪尔·科林斯,
《可敬的哲学家》(也
被称为《普洛斯蒂
贡博士》《政治家普
里斯特利》《政治牧
师!》),彩色透明
片,1794 年,蚀刻
与雕刻画

特在这一机械设计上的巨大改进使得机器的运转效率大
大提高,使得其用途更加广泛。

　　水、泥土（煤炭）和火消耗空气可以在政治运动"发泄情绪"中找到相应的表达，就好像整个社会都变成了人与人、机器与机器主人之间的高压混战。让-皮埃尔·胡埃尔的《攻占巴士底狱》画作具体描绘了1789年7月14日要塞下的战火。现在描绘了瓦特利用加压后的蒸汽和冷却的水令蒸汽机运转。在混乱的空气中烟雾弥漫开来，似乎要吞没整个城堡，但这股浓烟从何而来，是巴士底狱内的熊熊烈火还是天上的滚滚浓烟，无人知晓。法国历史学家儒勒·米什莱在其独具特色的半虚构历史小说中描述了巴士底狱被攻占前的动向。那个夜晚"被难以抑制的暴动像旋风一样席卷。黎明到来，一个新的理念在巴黎悄然而生"。这就是革命，空气沸腾，像被煮沸了一样。某种东西已经"渗入空气，温度随之发生改变。就好像某个人的呼气可以飘至全世界"。

詹姆斯·斯科特临摹詹姆斯·兰德作品，《瓦特及其蒸汽机》（1860年）

让-皮埃尔·胡埃
尔,《巴士底狱风暴》
(1789 年),水彩画

　　查尔斯·狄更斯在 1859 年出版的《双城记》中再现
了相似的场景：浓烟裹挟着暴动的人，暴乱的声音从四
面八方汇聚在一起，"像是远方雷声咆哮，回声越来越
近。随着暴动者的怒吼极速前进。巴士底狱被攻占了"。
这场革命像是空气与水的危险结合，融为一体，向前迈
进。暴动民众的声音代表着所有法国人，他们的运动就
是一汪海洋，"穿过火光与浓烟，汇聚于此"。狄更斯一
遍又一遍地自言自语，"步枪、大火与浓烟""大炮、步
枪、大火与浓烟""大炮、步枪、大火与浓烟"……"燃
烧的火炬""不间断的尖叫声""迸发的子弹"……像喷雾
一样消散在空气中。

　　受导致法国大革命的一系列事件启发，普里斯特利经常会画一些反对君主专制、令当时社会不容忍的漫画，以示讽刺。但这些也难以抑制他对巴黎起义事件的热情，并将其描述为新鲜空气，如"一阵沁人心脾的风"，令"每个年轻的思想自由扩展，迎风而上，共享光芒万丈"。

　　1791 年，普里斯特利的房子在伯明翰动乱中被夷为平地，他的住所距离胡埃尔所描绘的巴士底狱并不是特别远。一批反对普里斯特利及其他异议者的暴徒悄悄聚集，而当时异议者正在位于伯明翰中心的达德利酒店庆祝法国国庆节。这群暴徒在普里斯特利新会议室外聚集，当时普里斯特利是那里的部长，他们在烧毁房屋前高呼。然后暴徒又去了普里斯特利位于费尔希尔的家，破坏了他的实验室，并将他的住处夷为了平地。普里斯特利于1794 年 4 月逃往美国，在驶向纽约港前曾先在桑迪胡克

《伯明翰暴动后，尊敬的普里斯特利博士位于费尔希尔的房子》(1792 年)，彩色蚀刻画

港停泊。普里斯特利带着众多祝福离开，其中一份就来自都柏林统一爱尔兰人联合会。他们将他隐晦地比喻为火药，他的力量"可以驱动空气，摧毁最坚固的高塔，毁灭一切"。普里斯特利可敬的对手——贵族政论家拉瓦锡——就没能有这么好的下场。在罗伯斯庇尔恐怖统治期间，他于普里斯特利离开一个月后的 5 月 8 日被处死。

蒸汽恶魔

瓦特的蒸汽机问世以后，工业革命带来的新事物飞速发展，与 19 世纪中期法国的混乱状态形成了鲜明对比。19 世纪 40 年代，托马斯·卡莱尔在描述棉纺织厂的运作时，将蒸汽机的力量比作"变幻不定的蒸汽恶魔"。蒸汽机似乎使整个世界都处于冒着烟的沸腾状态，令人感到不安。1852 年，亨利·梅休的热气球在伦敦升空，他发现这座城市怪异的样子令人根本无法辨别它是天堂还是地狱。68 年前，即 1784 年，热气球驾驶员温琴佐·卢纳尔迪曾乘热气球在伦敦升空，但是当时卢纳尔迪看到的景象与梅休截然不同。卢纳尔迪为自己在热气球上感受到的平静氛围感到开心，这种氛围难以言表，他心中的担忧随之烟消云散，而梅休庆幸自己能不断上升，逃离伦敦现在地狱般的环境。带着呼吸器，梅休踏着"空中阶梯"以"天使视角"俯瞰这座城市，他认为自己安全了：

或许，在这里，能看到更多的美德与罪恶，看到更多的财富与更贪婪的欲望，不觉让人深思，听着热气球下方来自人们生活与情感的喧嚣。这声音像隐隐传来的潮水声。那一刻安静得让人觉得自己不属于地球，不属于尘世，就像雅各布一样踏着空中阶梯，下方"繁华的商业世界"若隐若现，人类渺小得像棋子，静静感受自己飘浮在无垠的空中，尽情呼吸空中纯净、稀薄的空气。

几年后，马克思于1856年在《人民报》创刊周年纪念会上发表演说。但马克思的视角与梅休完全不同，他不是从城市上方俯瞰，而是置身于城市之中——处于伦敦当时的环境之内。他再次描绘了使产业发生改变的主要原因（即蒸汽机）所创造的新环境。于马克思而言，

伦敦上空热气球视角，1880年，平版印刷

蒸汽带来的社会性变革可能会产生一种不公正的压迫性氛围，像气压一般沉重地压迫在人们身上，并向下施加"2 000磅（约907千克）的力"。马克思常会问道："你感受到这种压力了吗？"蒸汽机中炙热、加速运转的蒸汽使工人工作与产业生产的方式发生了变革，同时也影响了马克思和恩格斯想要揭露的工人阶级的生活环境以及他们的工作内容。马克思想要唤醒沉浸在机器工作环境中的群众，并提醒他们所属的阶级正备受煎熬，去感受其中的不平等，去体会为什么梅休会觉得能逃离十分幸福，哪怕仅是片刻的逃离。

尽管马克思曾强烈要求人们关注政治与社会剧变带来的压迫，但现代化的新环境吸引了大部分的注意力，这种环境鼓励他们以其他方式逃避现实。瓦尔特·本雅明未完成的作品《拱廊街计划》是一篇关于超现实主义艺术家格兰维尔的小短文，其中有本雅明零散的言论。其出版于1844年的《另一个世界》基本成型，其中一个选段中描绘了一个的小妖精试图在外太空周围寻找可通行之路的故事。他找到了一座铁桥，也可能本来就是他建的，桥墩位于星球上，星球之间的铁桥就构成了一条"完美平整的沥青堤道"。这条路可以通往土星，土星的环状物可供土星的居民散散步，呼吸呼吸新鲜空气。格兰维尔的铁桥与巴黎拱廊街有异曲同工之妙，深受本雅明笔下闲逛漫步人的喜爱，内部景象犹如五彩斑斓的万花筒，还有钢铁和玻璃雕刻而成的消耗品。格兰维尔的小妖精们指代的就是逃避现实的人，从疲累的工作中逃离，去往闲暇安逸且可以安静沉思，可以在梦境中漫游的地方。本雅明的作品受到了波德莱尔的赏识，这些作品中充满了颠覆性与拟人化的角色，这些角色通常或由空气构成，被空气环绕与笼罩，或是需要消耗空气来生存。

梦境中冒烟的速写笔、热气腾腾的竖琴、会飞的风箱以及其他想象中的事物可能是一种怀旧。拿破仑·波拿巴的没落与法国君主制的复辟令本雅明描绘出了一个富丽堂皇但"令人窒息的世界"，这也意味着拱廊街的没落：

> 这里的每一块石头都带有专制权力的印记，华丽的装饰令这里的氛围变得沉重且压抑……有人因为这里奇特的展示品变得头晕目眩，几近窒息，焦灼地渴望呼吸。

格兰维尔超现实主义中的铁十分轻巧，使得星际之间四处可见这种现代化的物质，而它更多的是以速度与移动方面的变革为特征，而不强调稳定性。印象派的油画中描绘了一些将转瞬即逝的事物，因为蒸汽机加快了生产速度与城市生活的节奏，使人们对时间和空间的感知加速。随着穿过空气与土地的方式骤然增多，崭新且令人惊奇的可视化呈现方式，以及写作与诗歌也随着火车的出现而诞生。每个意象、每个词语都在传达一种快速动态的感觉，仿佛呈现方式中融入了稀薄的空气。以约瑟夫·马洛德·威廉·透纳完成于1844年的画作为例，即使透纳的作品一开始并不被看好，但现已成为现代移动性的一种标志。火车以煤炭和蒸汽为动力，在铁轨上呼啸而过，于迈克尔·亚达斯而言，这种景象表明机器在挑战"元素本身"。铁路似乎将所有事物都与空气联系起来。速度超越了自然，这种意象打破了所有固定不动的事物。一切都在空气、阳光与土地的燃烧中蒸发。透纳的画给我们的感受是现代空气十分轻巧。拱廊街的存在，甚至是像伦敦水晶宫这样的建筑都使得环境格外耀眼。在马歇尔·伯曼对陀思妥耶夫斯基于1864年出版的《地下室手记》的研究中，将钢铁与玻璃建筑的失重状态与透纳的油画形成对比。1851年，为迎接世界博览会，约瑟夫·帕克斯顿设计了水晶宫，这也体现出了帕克斯顿在利用空气方面的卓越才能。此前帕克斯顿是位于英国德比郡的豪华宅邸查茨沃斯庄园的主管园丁，他为水晶宫设计了温室及其他保温玻璃结构。帕克斯顿在室内放置了锅炉，并在墙面与屋顶设计了大量的管道与通风口，由此营造出了供棕榈树与百合花生长的温带与亚热带环境。水晶宫长84米（277英寸），宽37米（123英寸），高20米（67英寸），一开始建设于海德公园，后迁至伦敦东南部郊区，水晶宫色彩明亮，光芒耀眼，照亮了整个天空。不论是有关水晶宫的画还是实景本身都

格兰维尔,《另一
个世界》, 1844 年,
插图

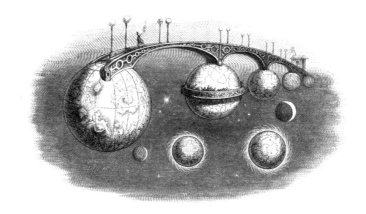

令人感到眼花缭乱。看到二者的人,势必会浸没在光芒
中,欣赏太阳、天空与河水交相辉映、闪闪发光的样子。

如果蒸汽推动了工业的发展,促进了悠闲或更快速
交通方式的变革,那么它所赋予事物的移动性甚至会在
一种对绝美景色动态且浪漫的想象中改变人类对战争的
感知。从与透纳油画景象相类似的第一次世界大战部分
战地记者拍摄的照片中,我们可以看出将空气与革命、
暴力联系起来的原因。1854 年,英法特混舰队驾驶蒸汽
驱动的战舰从克里米亚半岛出发企图占领俄国位于塞瓦
斯托波尔的基地,试想威廉·霍华德·拉塞尔是如何介
绍这支舰队的:

> 这支舰队以 5 条不规则的散乱路线前进,两翼
> 分别有军舰和战舰掩护,缓慢前进。舰队周围不断
> 涌出滚滚浓烟,这些浓烟随后以条纹状散开,与云
> 混合为一体……在舰队所产生的蒸汽与煤炭燃烧产

约瑟夫·马洛德·威
廉·透纳,《雨、蒸
汽和速度: 大西铁
路》, 1844 年, 油画

亨利·考特尼·塞卢
斯,《世界博览会开
幕式》, 1851 年 5 月
1 日, 油画

水晶宫外景

生的烟中，以极快的速度消失在人们的视线中。继续前进，前方大半天空下看不到任何一个物体，只留下黑黢黢的波浪与刺骨的寒风……

在我们身后的便是所有的战斗力与火力——生命力、力量与移动。

讽刺的是，1936 年水晶宫付之一炬，这也是它最后一次在火光与烟雾中照亮整个夜空。

距今年代

如果我们将空气视为重要的物质传播者，那么就可以假设空气在传播物质的过程中经历了大量的转化和改变，而且这一过程很有可能是不可逆的。20 世纪初，人们在许多方面取得进展，如放射性现象研究和具有超凡特性的新元素的发现。元素镭可以发光，可以在照相机底片上留下痕迹，可以产生热量，可以融入空气，甚至可以使电流穿过周边的空气。玛丽·居里认为元素镭是"可以在空气中传播的"，她曾因发现镭元素和钋元素而获得诺贝尔奖。就像可在空气中传播的疾病一样，镭元素可以迅速将物质传播到空气中。"灰尘"，居里夫人写道，"房间的空气……房间里的空气就是一个导体。"镭元素的放射性可以污染一切其他物体及器官，并且几乎没有物质可以躲避。

20世纪50年代，美国原子能委员会（AEC）回应了科学家们和倡议者们关于在地球上进行核试验的潜在影响的担忧，锶-90和钚，这两大致癌和有毒同位素的辐射

十字路口行动：贝克核爆炸，1946年

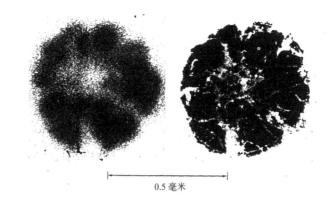

0.5 毫米

特性引起了热烈讨论。锶 -90,一种人造元素,现在几乎存在于地球上的每一个生命之中,因为在经过核试验之后,其同位素悬浮在大气中,随着时间的推移逐渐落定于人体、土地与城乡之中。

具有辐射特性的大气悬浮物与其他物质的区别在于前者明显缺乏活动中心——他们似乎不属于任何地方。从这个角度而言,空气既可以存在于人体也可以储存在行星之间,它既复杂又不稳定,以非线性方式运动,其中的放射性沉积物就可以将其变成一种武器。空气不过是一种可以将辐射携带至千万里之外的传送机制。

核试验造成的政治后果和形成的放射性沉降物产生了一些"神秘核现象",即一种因辐射导致的感官定向障碍。因为空气的存在,将辐射过的岛屿、细胞和地球联系了起来。空气将辐射带来的影响在大气范围内传送至人体皮肤,将人体与大气永远地联系了起来。由于辐射特性与空气传播的加持,辐射沉降物犹如一股无形的力量穿透皮肤，并在体内一些特殊部位聚集，对人体组织造成辐射，最终导致癌症和白血病。有辐射性空气就好像在人体内形成了生命力极强的小泡泡。

空气中的核污染似乎是由内而外显现的，恐慌情绪四处蔓延。20 世纪，轰炸机在头顶盘旋，工厂中不断冒出浓烟，癌症不断增多，放射性沉降物需要很多年才能消散。在这种椭圆或非线性的担忧中，核试验带来的可怕辐射特性却让科学家威拉德·利比发现了我们现在所使用的测定年代最精确的方法之一。1960 年，利比因发明了放射性碳定年法荣获诺贝尔和平奖。这一发明于芝加哥大学核研究所进行，有力地拓展了人们对核武器带来的大气效应的认知。他的研究对象包括曾在美国见到过的高大气层爆炸带来的沉降物，法国、英国和苏联做过的核试验中也产生过这一物质。假设碳 -14 的半衰期是 5 600 年，通过他的研究方法可以推测出历经 5 600 年时光物体的放射性只有如今生物体的一半。第四纪时期的科学和考古学将 1950 年视为现在，不是因为利比开创性的研究方法，而是因为在这个时间点之后再利用放射性碳定年法计算会变得十分困难。核试验爆炸导致大气中的碳 -14 暴增，这就意味着 1950 年之后放射性碳定年法就行不通了。从考古学和第四纪时期的科学角度而言，放射性碳定年法为划定现在的年代提供了一种新的方式。人们不再使用古时候公元前（BC）和公元后（AD）的纪年法，而是使用由利比的研究成果衍生出来的距今年代法（Before Present，简称BP）。因此，核试验中的爆炸可以被镜头记录下来，其影响也会储存在大气和我们的身体中，特丝·赫里尔曾利用棉花、滑石粉、电线和烟斗清洁器将这一现象做成了雕塑作品。

空气的无限性使得大气层变得越来越大，仿佛超越了我们的认知，也不止于出现一些小规模变化。许多评论员在18世纪和19世纪的大都市令人作呕的空气中已经开始意识到这些变化，我们稍后再探讨这个问题。文

特丝·赫里尔，《"混沌学1号"》，2006年，明胶银版画

化历史学家史蒂文·康纳认为，从两种意义上来说，一方面，"空气是无垠的，是种废弃物……是片虚无，是看不到也想象不到的物质"。矛盾的是，空气总是很容易被忘记或忽视。另一方面，空气也依赖于它所供养的生命。我们似乎并不在意人类正在利用、污染、消耗与浪费空气。但从几百年前起，人类开始通过可行的方法追踪气体成分的比例出现的重大变化与改变，比如1860年研究发现，空气中二氧化碳数量的占比约为百万分之

W. 登特，《德文郡空中游艇》，1784 年，蚀刻和铜版雕刻画

二百八十（280 mg/L），到 2012 年则接近 400 mg/L。因此许多物理学家和自然科学家将人类现在的地质年代称为"人类纪"。

在此后的章节中将继续围绕这些主题探讨不同情境下、不同时间下与不同地点里有关空气发现、探索、处理和表达的问题。这也将体现出空气的生命力与不稳定性，及其不在某一处停留，也不与其他物质混杂的特性。继续探索空气如何解答令人费解的科学问题，如何帮助人类理解混乱的社会与经济状况，甚至如何让我们明白死亡，令我们能用诗一般的语言来形容充满激情的运动。空气不是简单的化学成分堆砌，它成就了我们，传播物质，也推着我们向前。空气影响着我们的生活和生活方式，并显示出它们存在的意义。

在空中

看来我们已经来到了天空。

1929年10月26日，一名女婴在佛罗里达迈阿密上空的一架飞机上降生。这并不是意外事件。托马斯·W. 埃文斯医生和他的妻子玛格丽特·D. 埃文斯获特许乘坐波音247飞机见证第一个在飞机上出生的孩子。这架飞机从运营了一年的泛美机场（即现在的迈阿密国际机场）起飞，医生、护士、飞机副驾驶员和这名婴儿的外婆都在飞机上。分娩时，飞机在迈阿密戴德县法院上方1 200英尺（365.76米）的高空中盘旋了20分钟。随后在比斯坎湾飞行了几分钟后降落。产妇和婴儿被送往医院。女孩父母没有为她取祝福者建议的名字，而是选择叫她艾琳。

哲学家露西·伊利格瑞写道，"即使我们不像艾琳一样在迈阿密上空的飞机上出生，我们在出生的那一刻就已经处于空气中了"。出生后我们发出的第一声（即婴儿的第一声啼哭）就是为了活下去而在大口呼吸空气。从那一刻起，环境不再是我们之外的存在。我们走入空气之中，获取空气，并将其吸入体内。于是，我们在从子宫中被分娩而出时就成了在空气中降落的生命。

利用动力飞行让人类升空的第一次成功尝试就是基于人类出生时需要呼吸的理念进行的。此次起飞成功既是一种尝试，或许也结束了天空与地面的断联状态。艾琳的诞生是一个生命的诞生，而人类升空则可视为更深层次的出生。经过社会和精神的洗礼，空中生活方式将造就一批新人类，即未来的空中居民，这些人有可能不依赖空气依旧能生存。

奇怪的是，尽管早就在英国和法国掀起了流行热潮，但对热气球的叫法却从未统一，也没有形成对热气球的崇拜。18 世纪晚期，欧洲由让-皮埃尔·布朗夏尔发明的早期飞行工具掀起了一股热气球流行热潮，实际上是科学实验与流行热潮奇特结合的产物。人们可以携带工具乘坐热气球去测量云层、探究天气的成因和发现云层里的电荷，识别并测量气压与温度。在实验过程中，布朗夏尔得到了约翰·杰弗里斯医生的帮助，也获得了德文郡公爵夫人乔治亚娜·卡文迪什（乔治亚娜热衷于带动着辉格党投身热气球事业）的公开支持。1794 年，也就是，普里斯特利从英国去往美国的那年，乔治亚娜赞助了布朗夏尔从英国伦敦的格罗夫纳广场出发的热气球，这个热气球被戏称为"德文郡空中游艇"，很快就成了众人嘲笑与讽刺的对象。

这不是第一次也不是最后一次有人将乔治亚娜与空
气联系起来或者将其描绘为空气。同年，乔舒亚·雷诺
兹为公爵夫人画的肖像画问世。1783年，玛丽亚·科斯
韦将乔治亚娜描绘为埃德蒙·斯宾塞《仙后》中的辛西
娅。但乔治亚娜也与掌管云层与天空的狄安娜女神有相
似之处。作为罗马女神，乔治亚娜逐渐成为狄安娜的衍
生人物，代表天空与光明。

因此，热气球与新大气科学联系起来，同时一种愤
世嫉俗的风气开始出现。此外，热气球也成了奇思妙想

瓦伦丁·格林临摹玛
利亚·科斯韦作品，
《斯宾塞〈仙后〉中
辛西娅肖像》(1783
年)，雕刻画

保罗·桑德比,《我们创造的愚蠢天堂》,1784年,雕刻与飞尘腐蚀版画

的代名词。

　　飞机将在空中居住的想法提升到了另一个层次。人们将飞行与宗教信仰联系在一起。从广播到摩天大楼,似乎所有事物都注定与空气有关。飞上天空就意味着变得神圣,是从社会向"天堂"的大规模转移。但航空也需要传播与推进。美国人必须觉醒,并且林德伯格等飞行员也支持此观点。1927年5月21日,被称为"空中加拉哈德"的林德伯格在飞行中表现得冷静自信,仿佛潜力无限正待激发,最终令飞机稳稳地降落在巴黎附近的布尔歇机场。像林德伯格这样的人物也成了航空领域的典范。

　　美国或许是最热烈倡导发展航空事业的国家,一些思想引发的争论还以名为"空气约定"的系列事件进行报道。其中最有趣的论点之一继续发展了由罗伯特·H.欣

克利提出的早期思想，他曾引用"空气调节"这一词语。欣克利想要将使与飞行有关的航空实践与航空知识更加深入人心，正如普里斯特利一样，欣克利也发现空气可以注入物质中。空气可以在另一门学科中出现，甚至也可以作为教学大纲的一部分。欣克利深受民航飞行员培训计划的影响，这一计划于1938年开始，属于美国大规模飞行员招募计划，旨在社会科学的范围里传播所有与航空相关的知识。欣克利甚至还在1946年与其他人共同成立了美国ABC广播电台，见证了航空与无线广播以及其他形式的文化表达方式的融合，尤其是爵士乐。"飞机在天空漫游，穿越高楼，在云层间穿梭"之时，爵士乐在空中播放，加上情绪的作用，显得更有感觉。

纽约学校副校长N.L.恩格尔哈特在一篇演说中欣然接受了欣克利的思想。他认为，美国的教育者们不该满足于仅仅利用空气来呼吸这一现状。在这世界上，科学、人民以及政治都会以新的与航空有关的词句表达出来。"为了健康深呼吸"，低年级学生可以学习鸟类和种子，初中生就应该开始考虑离开地球到空中生存的想法了，他们将创造出一种新的教育方式。

空气动力学

在林德伯格之前，较为知名的是法国科学家、摄影师艾蒂安-朱尔·马雷，他和埃德沃德·迈布里奇、弗雷

艾蒂安-朱尔·马雷，《延时摄影下的鸭子、猫头鹰以及野生秃鹰和常见秃鹰的行动轨迹》，1874 年

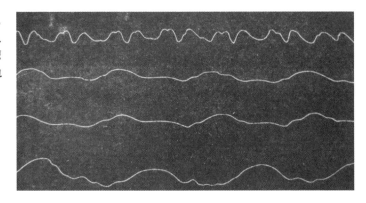

德里克·泰勒、莉莲·吉尔布雷斯因在时间运动研究方面做出的成果而闻名于世。19 世纪 80 年代末，马雷致力于研究鸟类和昆虫的运动轨迹。在研究中他将生物的运动本质抽象为单纯的物理移动。在这个前提下，生物的运动轨迹会被分析、复制、改进再加以利用。马雷通过探索动物飞行的奥秘，可以利用昆虫模型或通过模拟昆虫复刻其运动。不久后他创造出了机器鸟，并且最终造出了飞机。

　　1871 年，利用时间运动摄影技术分析鸟类运动并没有帮助马雷进一步了解飞行所需的生理因素。他所有的抽象化处理只能将鸟类的飞行分为更小的运动轨迹。但他新发明的空气泵驱动昆虫飞行机器可以打破这一瓶颈。在利用模型复刻的昆虫做了多次实验后，马雷可以决定昆虫振翅的频率，令其达到不可思议的环形飞行或 "8" 字形飞行一圈振翅每秒 390 次。但昆虫的翅膀本身不具备多种或有力的肌肉群，只是向下挥动翅膀而已。马雷发现，要想通过肌肉运动优雅地实现复杂的振翅飞行运

动还需要另一种力量，这就是空气阻力。它能改变昆虫翅膀原本直上直下的运动轨迹。马雷在对鸟进行实验时，会将小鸟绑在一个设备上，设备的另一端是一只机器鸟，通过这台机器来模仿真实鸟的运动形态。通过追踪鸟的振翅轨迹，这台设备可以不断修正机器鸟的动作，直到机器鸟可以完全复刻真实鸟的动作。

随着空气作为阻力为人所知，马雷开始将其研究重心全部从空气动力学和生理学视角下的鸟类和昆虫转移到连贯动作摄影的可视抽象化。完美的飞行类生物本身就是一台机器。但怎么理清空气及其阻力之间的关系呢？马雷在机械化飞行类动物和昆虫运动轨迹的基础上叠加利用烟雾。他绞尽脑汁，利用毕生所学设计出了第一场拍摄下来的空气动力学测试，令他能够捕捉到气球、飞机以及其他物体周围的烟雾移动时产生的绝美景象。空气不再是隐形的了。当然，通过加速空气流动来弄明白空气中或飞行中的物体行为并不是马雷的原创想法。1871年，英国航空学会会员弗兰克·韦纳姆设计出了世界上第一个风洞，利用蒸汽驱动的风扇将空气从管道内推进飞机模型里，有效模拟模型的飞行状态以及阻力和升力的作用。美国国家航空咨询委员会（简称NACA）成立于1915年，在1920年，他们在弗吉尼亚州兰利机场利用"大气风洞"按照英国人的想法进行了迭代实验。随着风洞规模不断扩大，我们几乎可以看到流动空气原则下飞机的雏形。

风洞的出现进一步加深了人们对空气动力学的认知并推动了翼型的发展，而马雷的实验结果更具美感，显露出了运动的空气本身。马雷实验中的空气最终变为蒸汽，黑色背景下的缕缕白烟像是"里拉琴的琴弦"，又像是展开了的"钢琴琴弦"。一直矛盾的是，即使马雷的实验可以移除空气中无效的旋涡和气流，但他在烟雾实验中得出了一些最引人注目且美丽的图像。

若要实现飞行，其身体必须适应流线型的运动模式。正如烟雾穿过过滤器一样，他们必须高效、体格结实、头脑理智。最符合条件的可能是男性。即使是女飞行员，她们身上通常也具备一种与众不同的男子气概，如航空传奇潘乔·巴尔内斯。飞行员必须具备气动特点，健硕且年轻。带着永恒与挑战不可能的光环，像斯特拉·沃

试行的风洞

兰利的跨音速风洞

尔夫·默里这样的女飞行员将神话散播开来。

如同美国一样，德国和苏联的经验也都是从农业与牧业中得来的。美国的城镇居民将航空视为民族振兴的一种方式，而苏联和德国的航空运动却被视为是对城市、柏林的沼泽地以及当代物质生活享乐主义的蔑视。滑翔运动就是德国面对美国给出的回答。滑翔运动逐渐被"视为忠诚爱国的表达"。20 世纪 20 年代晚期，上升暖气流的发现意味着人们对天空的想象突然被地面上的巨大"烟囱"取代，这股温暖的上升气流可以使滑翔者飞得更高。每当周末勒恩山脉附近总是聚集着成千上万的年轻人，想要加入滑翔俱乐部，围着火堆唱歌。他们的双手布满老茧，为了飞行不辞劳苦，这群年轻的滑翔者似乎想要表达对德国的自信，以及对于航空及其未来的信心。

撞击与快速气流

哈维·汉福德被陷害了。他的手脚被铁链束缚，并且遭到了殴打。在派拉蒙影业公司出品的默片《残酷游戏》（1919）中，青年记者哈维·汉福德从监狱、捕熊陷阱和暴力中逃脱。在电影的最后，哈维和他妻子在一架双翼机上疯狂奔跑，摆脱了身后追赶他们的人。这场合理的空中逃跑与电影宣传海报的内容形成了对比：在海报上，一群穿着制服的服务人员和官员企图将哈维绑住，哈维被悬挂在两架双翼机之间的绳子上，然后两架飞机相撞，在地面坠毁。飞机相撞是真实的，但并没有坠毁。这部电影将飞机相撞的真实场景剪辑在了一起，令人信服，其中还包括一架飞机俯冲至小镇中部的镜头。飞机四分五裂，机身颠倒了过来，随后从下方涌出了大量烟雾，镜头变得模糊不清，也笼罩现场观众。哈维就好像是一个魔术师，仿佛在烟雾的掩盖下施加了魔法般奇迹生还。即便是在电影的最后，也存在着许多神奇瞬间。哈维·汉福德由哈里·胡迪尼扮演，这部电影也成了他的代表作。胡迪尼利用影片中的事件、大量的特技和危险表演进行宣传，包括飞机空中相撞事件，并且在宣传活动中声称影片中的所有事件均是真实的。

航空引出了新的表达方式来描述我们与空气的关系。飞行可以使坚实的地基液化，使空气变得更有实感，更

哈里·胡迪尼，默片
《残酷游戏》(1919)

有"存在感"。安托万·德·圣-埃克苏佩里在其《南方
邮航》一书中就描绘了贝尼斯飞机起飞的瞬间。飞机推
动器鼓起的强风将机身后的草吹动，"宛若溪流"。起飞
时地面会被拉伸和扭曲，"一开始空气无法感知，后来变
成液态，现在变成了固态"，飞机找到了其落地点后开始
滑行，一切事物都变成了液态。贝尼斯停在空中，感受
着如波浪般涌来的气流，他身处气流之中，像在小船上
一般上下摇摆，最后烟消云散。"吸入空气"并不代表空
气会像在真空状态中一样消失。于意大利未来主义艺术
学家而言，这意味着抽离与清空。菲利波·托马索·马
里内蒂感觉他的胸膛"像一个大洞被打开似的，所有流
畅、新鲜与奔腾的空气，还有整片蔚蓝色的天空都奔涌
而入"，从那一刻起，他所有热情与想法全都倾吐而出。
然而，空气不应该存在在这里。如果搬至空中生活，我们就能进入一种更好、更干净、更纯粹与流动更快的空气之中。

以这种方式到空中，并非被动的，而是经过深思熟虑的。在 20 世纪 30 年代的英国，正如大卫·迈特雷斯所描述的，提倡户外运动的人会飞奔着爬上小山丘，进行远足，或在乡下游览。或许在风甚至可以在空中物质离开地面之前净化、塑造并保护他们。1920 年，英国民航局局长给位于林肯郡的克伦威尔皇家空军学院的新生写了封奇怪的信。在校刊中，他讲述了有关"航空祖先"的故事——自己曾经做过的一个梦。梦里他变成了一个部落里的成员，需要越过一道峡谷，而就在他眼看要失败的时候，一阵风鼓起了他的斗篷，助他安全着陆。"我揉了揉我的眼睛，蟋蟀还在跳来跳去，学院仍然在我身后，我还躺在深草地里。然后我站了起来，走向餐厅，准备去吃下午茶。"在克伦威尔，林肯郡是最适合飞行员利用空气调节身体和精神的地方，甚至会让环境保护主义者想要回到最初的英格兰。

在克伦威尔，空军士兵托马斯·爱德华·肖和托马斯·爱德华·劳伦斯骑着布拉夫牌摩托车在林肯郡比赛。他们在笔直的马路和蜿蜒的乡间小路飞驰。这种运动只能在耳畔留下呼呼的风声。轮子"在每一次出发时因速度腾空"，此时的摩托车就像在模仿飞机。将这些联系在一起，劳伦斯认为他的摩托车是"人类能力的延伸，而其流畅度却为我们提供了过多的线索，甚至是挑衅"。劳伦斯就直线加速返回机场向布里斯托尔战斗机发起了挑战。显而易见，他赢了。克伦威尔的气候十分理想，在角落、裂缝以及广场上都可以找到与空气有关的生态系统。机库有其"独特的味道"，混杂着汽油、丙酮以及熔融金属的味道，或许会被外行人误解。晴天时，阳光射入机库，在经历风暴时，即使门在颤抖，机库依旧可以存留下来。风在经过机库的缝隙和不平整的表面时呼呼作响，整个机库仿佛变成了一件木质金属乐器，"以每一个高音音阶发出尖锐的声音，尘土飞扬的地板上犹如有魔鬼在跳舞，不断发出尖叫声和轰鸣声"。

劳伦斯看到了他们与更早参军的指导员之间明显的差别。体型健硕的飞机指挥员蒂姆领导与支撑飞行，他就像是"一个晴雨表"，以世界上最令人兴奋的气候来设定每一次飞行的天气。召唤下，他们无法再忽视号角中必胜的信念和令人奋起行动的精神。劳伦斯认为，这些声音就像空气一样经过他们身边：

> 不论我们把毛孔闭合得多严，空气犹如刀刃一般征服我们的声音与味觉，锋利得能带来快感……想象一下，一阵阴冷的风和一抹湿润的朝阳，将我们投射在柏油路上的影子呈现出与我们衣服颜色一样的蓝色。

因为有趣，新兵们十分乐于在练习中让自己变得气喘吁吁，大口呼出空气，就像未来的喷气式发动机。弗兰克·惠特尔发明喷气式发动机的灵感就源于新兵们大口喘气和消耗的空气。一切都很强烈，他们感觉自己还活着。

高　空

在空中加速可以满足未来主义者对速度、大风和兴奋感的渴望。当然，最终使劳伦斯从摩托车上坠落身亡的那次飞行是马里内蒂推动的。他的坠亡像是一种顿悟，他跌入水沟，裹满泥浆，嘴里全是烂泥。对马里内蒂来说，这就是生活，是需要我们细细品味的。这种推动力似乎使经久不动的空气开始活动了。如果有人能穿透空气，并迅速地通过它呢？未来主义者的喷绘手法或许可以捕捉这些画面，比如图利奥·克拉里发表于 1938 年的《空中混战》的图画。托马斯·品钦笔下的角色科特说，这种吸引力就好像他们的飞机急速俯冲进了克拉里的画里。向地狱前行，未来主义者将这描述为"纯粹的速度"。如果没有死亡，这也不过只是一场嘉年华旅行而已。有些人企图令空气凝固，变成更容易利用、比较固定且持久的物质。就连写作也会随之改变，圣-埃克苏佩里厌倦了那种更"浪漫"与含蓄的写作风格。他开始摈弃一些他自己认为"夸张"和"过分渲染"的东西，转而选择更沉重并且不那么缥缈的风格，也摆脱了印象派的想象（比如莫奈和卡洛·德·福尔纳罗将空气视为一层外壳———一种用来感知世界的柔软温和的外壳）。这些运动正朝着更有力量的方向发展，带着光亮、颜色和速度冲破一切。

企图使空气固态化听起来似乎有违常理。即便是平稳飘浮在太空中的热气球也需要被系住。自18世纪80年代末期掀起了热气球潮流，公共游乐就成为一种固定活动。维多利亚时代的观众会在热气球演示时伸长脖子去看，长期这样歪着头看向天空会导致一种名为"天空脖"的病症。因为遥望天空，瞪大眼睛或眯着眼睛在云层中观察或逆着刺眼的阳光分辨远处的热气球形状，脖子会疼。在公众面前广泛展示的飞机确实与热气球不一样，但摩天大楼会不会是介于二者之间的存在呢？摩天大楼使得热气球与地面之间的锚线更加持久，虽然热气球上升的速度不是很快，但是它很平稳，算是比较平稳的平台。热气球的上行过程不是那么猛烈，也不会令人感到兴奋或恐惧。相反，会令人觉得更加沉稳，"大部分时间都很安静"。这种特性使得热气球成了战争中的宝贵资产。热气球首次在战争中得到应用或许是在1794年，那时奥地利和荷兰军队在比利时的弗勒鲁斯结成联盟。法国革命军队在面临这种困境时，一位名为让-玛丽·约瑟夫·库特尔的科学家令一位勇敢的士兵监视战场动态。在相对较为稳定的热气球外，战场上若隐若现的浮影像是空中人像，令人毛骨悚然。

卡洛·德·福尔纳
罗,《带有不同质
的美国第一高塔》,
1914年，照相制版
印刷

如果劳伦斯的摩托车可以冲开停滞和流动缓慢的空气，那么在此基础上的设计可以不断完善。建筑师勒·柯布西耶和贝尔·盖迪斯均受飞机启发，提出了建筑不再是接触地面的美学。这种设计有助于净化城市的

卡米尔·格雷维斯，《法国巴黎埃菲尔铁塔上方带有钟面和钟声的系留气球》，约1880年，石墨素描叠加水彩

空气并清除城市中的污秽。在空中生活听起来像是一种现代的纵向幻想。

比起美洲大陆上的新摩天大楼，巴黎的建筑才是真正的空中纪念碑。巴黎埃菲尔铁塔，为举办1889年巴黎世界博览会所建造，使用的建筑材料和技术有美洲空中殖民的意味。相比摩天大楼中常见的直角设计，埃菲尔铁塔的设计独具特色：其曲线形的塔身意味着电梯公司几乎不可能在塔内安装电梯（包括埃菲尔最终选定的著名电梯公司奥的斯，当时也无能为力）。一位美国记者表示，埃菲尔铁塔是法国的象征。"它以指尖亲吻你，明亮、通风且不稳定，热情洋溢"，评论员绞尽脑汁地思考恰当的比喻来形容这独一无二的体验。"站在铁塔上层的瞭望台，空气令人精神焕发，整座塔就像是一艘固定的船"。《费加罗报》将埃菲尔铁塔比作是一座城市，悬挂在巨大轮船的索具上。"迎面而来的风如海风般清新且刺骨；还有的人透

埃菲尔铁塔吸引的雷电，拍摄于 1902 年

托马斯·阿尔瓦·爱迪生和阿道夫·萨列斯站在埃菲尔铁塔的露台合影，拍摄于**1889**年

过塔身的铁棒将看到的天空比作一望无际的海平面。"

　　然而，埃菲尔本人认为这座铁塔帮助科学家们获得了更多关于空气的知识。科学家们可以在这进行气流、空气组成、不同高度下温度的变化等方面的研究，还有许多因空气质量的恶化或地表低层的雾，包括风洞的影响，而未能进行的不同实验。保罗·朗之万曾登上埃菲尔铁塔在空气中进行电学实验。结果表明，为了评估空气对无线电波的影响，甚至可以从塔顶发射游标无线电信号。

　　比这再早一些的时候，空气就与埃菲尔铁塔在地下无声地相遇过，成了霍利在纽约发明的蒸汽供暖系统基础设施的一部分。1881年，博德希尔·霍利获得了第一个蒸汽暖气片的专利，这也为其后来的一系列发明打下了基础，并为曼哈顿下城一个区提供了蒸汽供暖系统。此系统从位于考特兰和华盛顿的巨大烧水锅炉获取动力，这个系统还有一个非锥形烟囱，它成了 1882 年纽约的新地标，路人都会佩服那些爬到塔上修建烟囱的工人。因为从令人头晕目眩的高度跌落是他们脑海中认为离自己最遥远的事情。

亚历山大·古斯塔夫·埃菲尔，巴黎战神广场的埃菲尔空气实验室和风洞，1910 年

后来因该蒸汽系统成立了纽约蒸汽公司，该公司通过地下管道网络向纽约的摩天大楼、公寓大楼供暖供电，将蒸汽输送至众多企业、工厂及居民住宅中。难道没人注意到，这股强大到可以使蒸汽机能够横跨大西洋的潮流现在开始向天空拓展了吗？从帝国大厦、克莱斯勒汽车公司、都铎城到洛克菲勒中心的无线电城，蒸汽供暖都体现出了生活在空中的好处。没有锅炉厂、烟囱、煤尘泥垢或废气，此系统与城市规划师对空气与阳光的要求不谋而合。蒸汽供暖意味着可以进行蒸汽熨烫，为高层的新闻社、出版社进行蒸汽印刷，并为洛克菲勒的新购物中心供暖，城市规划中的剧院也将利用无线电，因为阳光、空气和无线电组合成为一种更高效的循环机器。据《纽约时报》报道，这是一种显然更"民主的"企业。

在纽约，这些与空气相关的变化并非毫无波澜，因

埃廷·苏罗门，《穷人的火炉石——废蒸汽并未浪费》(1876年)，木版画

为就居民而言，蒸汽供暖是一件难以忍受的烦心事，尽管对于许多人（包括城市中的穷人）而言，蒸汽供暖是件好事。因纽约蒸汽公司需要在地面不断进行挖掘，曼哈顿的地下景象经常暴露在人们面前。1889 年，因地下管道维修，人们被纽约弥漫着的潮湿烟雾笼罩，其中一位满头大汗的纽约市民愤怒地喊道："谁是百老汇的主人？是纽约蒸汽公司还是纽约城？"蒸汽供暖的地下管道经常出现泄漏：当供水管道破损，冷水接触蒸汽管道便吱吱作响，缕缕蒸汽从井盖处飘散到空中。有时，纽约街道宛如电热水器，从井盖中源源不断喷射出来的热气足足有五层楼之高，化作雨水和泥点散落而下。人行道上的裂缝和缝隙宛若火山般突起，整个街道烟雾弥漫。

　　1927 年，林德伯格驾驶飞机成功穿越大西洋上空，

德伯格的
带暴风雪，
27 年

《总统大选时纽约的狂欢》，1888 年，木版画

再次回到纽约。那天，人们为其准备了一场盛大的欢迎仪式，即知名的曼哈顿"暴风雪"。欢迎仪式上的彩带宛如证券交易所中自动收报机用来打印股票报价的纸带一般长。曼哈顿的街道人潮涌动，彩带飞舞。

彩带从窗户飘落，轨迹有些像马雷摄影机下的缕缕蒸汽。曼哈顿岛聚集了约 450 万人，可供其使用的丝带共 1 800 吨。光线透过飘动的纸带落在地面上，与一堆堆的纸带融为一体。这一场"暴风雪"代表着当时科技的进步以及美国航空梦想的实现，提振了人们的信心。当然，1929 年华尔街大崩盘击碎了这一美梦，部分原因就在于纽约金融服务业的打印纸带已耗尽。

这些幻想在空中成了现实，也使得人们的内心世界发生改变。曼哈顿的飞行员、摩天大楼以及有关空气的现代工程更加适用于詹姆斯学派无意识论，而非弗洛伊德派无意识论。弗洛伊德的内心世界，像是黑暗且堆满书籍的书房，而詹姆斯则像是坐在教室里眺望窗外。美国新的航空发展就仿佛属于外向型，保持开放，等待扩展。

威廉·詹姆斯曾向毕业生发表题为"跟学生谈人生理想"的一系列演说，在他最终命名为《论人类某些特定的盲目性》的一篇文章中，詹姆斯想传达的不仅是他的多愁善感，更是看到中产阶级物质至上与消费主义目标价值观后的感伤。通过援引罗伯特·路易斯·史蒂文森的观点，詹姆斯敦促他的听众：

> 不要错过个人的诗篇，这充满魔力的氛围，幻想中的彩虹能给露骨事物以遮蔽，能使卑鄙变得高尚。每一个生命在结束时都如面团般苍白，而非气球般飞奔至多彩的日落。每一种都是真实的，每一种都不可思议。

詹姆斯提醒我们："错过快乐就是失去所有。"当然，这种前进的指示并不是让我们胡乱地冲入世界。詹姆斯的意思是，我们的内心应该向这个世界敞开，接纳世界上出现的气球、彩虹——这些最简单且多余的事物。安·道格拉斯写道，"空气并非被排除在外，而是被包括在内"。在摩天大楼，本着对现代主义建筑的信心，我们应该推开门窗，看看世界。

空气过剩

丑陋、难闻、肮脏的空气影响着所有人。

讲到空气，必然会有不同的观点存在。问题之一便是如何理解空气的不统一性。有些空气是热的，有些是冷的，有些空气对人体有益，而有些空气则对人体有害。正如希波克拉底及其对有害空气的判定，体液说是区分空气的先驱学说。人们开始通过检测其所呼吸的空气毒性及其纯度来判断空气对人体健康的影响情况。约瑟夫·普里斯特利参与了有关空气理论的发展。他通过发现"空气的益处"，继而将空气的特性与道德联系了起来。通过1774年至1779年所做的一系列实验，普里斯特利得出，那些被污染了的空气（即氧气耗尽）还有可能被复原，然后重新变得可供人类呼吸且对人体有益。众多科学技术曾在英国、法国和意大利得到发展，但空气纯度测量仪却是意大利米兰帕拉丁学校教授马尔西里奥·兰德里亚尼发明的。在其出版于1775年的《有关空气益处的物理实验》一书中，兰德里亚尼对普里斯特利最开始实验中所使用的设备及其理论均有所改进。他设计出的空气纯度测量仪可以检测出某一环境的可供人类呼吸的程度，继而检测出其对人体的影响。随着其发明不断产生影响，兰德里亚尼表示这很有可能推动新的空气医学的诞生。尽管对空气好处的预测很快就会被推翻。

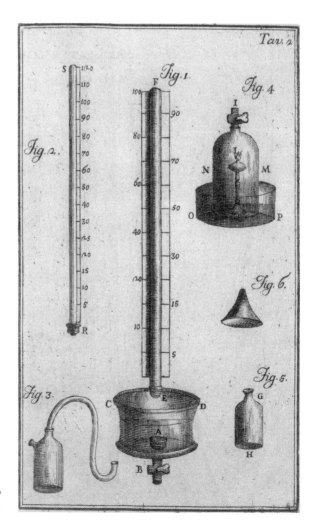

马尔西里奥·兰德里亚尼，
空气纯度测量仪，1775 年

通过进一步发展客观检测空气的定量分析法，亚历山德罗·伏特随后发明了可用于研究空气相对可燃性的燃烧技术，并帮助其将空气特性中的好处从空气是否真的对呼吸有害这一问题中分离开来。伏特的实验大部分在法国和意大利进行，并且他在科莫湖湖底和一些沟渠底部的腐烂物质里采集到了沼泽气体。在科莫湖湖底，伏特倒置玻璃瓶，采集到了湖底的气体。在检测残余物质之前，伏特利用其改装过的空气纯度测量仪向罐子通入一股气流来将里面的气体点燃。在伏特的研究基础上，1783 年，葡萄牙科学家让-海厄森斯·麦哲伦致信普里斯特利，并解释道，"我的意思并非通过空气纯度测量仪实验，我们就可以检测出空气的所有弊端，我们仅能检测出除氧状态下空气的弊端而已"。简单来说，空气纯度测量仪并不能对空气在道德和精神层面的好处做出判断。

不健康的城市空气

当时，对城市空气的许多说明一直以体液说为主导。最著名的或许是约翰·伊夫林出版于 1661 年的《防烟》一书，该书就白厅的"不健康空气"向人们发出了警告，表示不健康空气将会威胁到伦敦整个城市，伦敦居民将被迫呼吸含杂质的浓烟。充满灰尘的肮脏蒸汽，令人作呕，给人们带来数不清的不便之处，还会对人的肺部和其他器官造成伤害。1668 年，托马斯·特莱恩博士也曾就伦敦的"潮湿空气"做出过类似的讨论,"空气中各种各样的污秽和杂质堆积在一起被吸入体内引起了身体内的不适反应。空中弥漫着有害的恶臭蒸汽,令人作呕"。17世纪的伦敦就处于这样一种肮脏的空气之中。这样的空气也暗示着城市中的各种不道德行为。总之,恶臭的空气就是那座被污染了的城市以及城市内腐败的大众的标志。到了18世纪,乔纳斯·汉威理想中的国家应该是人们"可以自在呼吸芬芳空气的地方",乡村则被描绘成了死气沉沉的城市之外的地方,不会受到危险空气的威

约翰·康斯太勃尔,《开阔地方的云》(1830年),纸上铅笔和水彩画

胁。约翰·康斯太勃尔对风景、云层及天空的研究则体现出了浪漫主义画派的这一特征。

巴黎也经历了"奇臭年"，当时"动物的尸体暴露在空气中，散发出粪便一样的味道"。公众大喊道，"这臭味实在是令人难以忍受""我们从没见过比这还臭的东西！""不能再这样下去了！"……这同样也是科学家们的心声。尽管国家在环境卫生领域担当的责任超过了研究对体液说及气体治疗学的细菌说的责任。到了19世纪50年代，盖伦医说依旧顽固地影响着瘴气学说。瘴气可以解释疾病和瘟疫能通过空气传播的原因，这种说法也深入埃德温·查德威克等伦敦公共卫生改革家的头脑。由雅克蒙·德·阿格拉蒙特和真蒂莱·达·福利尼奥提出的瘴气说曾主导整个欧洲对于瘟疫通过"恶臭空气"传播的理解。福利尼奥曾于14世纪编写过有关抗瘟疫药物的手册，在他看来，当其他人吸入与呼出有毒蒸汽的时候，瘟疫就会通过恶臭空气传染及再传染其他人，这或许也就是所谓瘟疫的"根源"。尽管当时普遍认为瘟疫是由虚构的宇宙或神圣原因造成的，福利尼奥仍旧指出，大地震、轻微地震及其他各种地壳运动会将埋藏在地球内部的污浊气体从洞穴和峡谷中释放出来。他还指出，在1347年意大利的瘟疫暴发的几个月前就遭遇过一场地震。当然，这些猜想在瘟疫医生那里及其所使用的防毒面具中得到了证实，他们的面具中带有填满香料的喙，用来抵消瘴气的味道。尽管最终取得了一些进展，传染病依旧能通过空气传播，因此恶臭的气味也依旧存在。在维多利亚时期改革家查德威克看来，"所有能闻到的气味，都有可能致病"。

在 18 世纪的巴黎，被彻底污染且无法令人呼吸的空气威胁着当地居民的生命，随着空气的扩散，也威胁着

保罗·费斯特，《施纳贝尔·冯·罗姆医生》（1656 年），雕刻画

国家本身。在法国城市贫困人口的纪事中记录了许多种
不同的有害空气，轻微刺鼻的污秽物的味道、垃圾的味
道以及尸体的味道等，污浊空气的味道令人作呕。帕特
里克·聚斯金德小说《香水》一书中虚构人物让-巴蒂斯
特·格雷诺耶体现了巴黎恶臭气味下的种种扭曲。他一
出生就被丢弃在巴黎最臭的臭水沟里，沟里的物质几乎
呈黏稠状。在这本小说中，聚斯金德展示出了人们对道
德及医学方面的多种担忧，因为空气中弥漫着腐烂的气
息，是一种不吉利的预兆。

像格雷诺耶就能够分辨出味道的种类。他的头脑就
像是一个完美目录，储存着不同臭味、香味以及许多混
合在一起的气味。格雷诺耶的鼻子就像是一个空气纯度
测定仪，是其视力及想象力的得力助手。如一头降生不
久对空气如饥似渴的动物一般格雷诺耶对他所收集的气
味有着肉眼可见的欲望。想象一下，在格雷诺耶还是个
婴儿时，有只狼犬看着他醒来：

首先有反应的是他的鼻子。这轻微的声音缓慢
移动，逐渐靠近，然后仔细嗅着。吸入空气，又在
喘息时将其呼出……狼犬便是他的目标。……从狼
犬的视角来看，这婴儿像是在用鼻孔看它，似乎是
在聚精会神地盯着它，这种感觉比眼神更具有穿透
力……婴儿格雷诺耶仿佛可以透过它的皮肤，嗅到
其内脏。它最深处的柔情与最肮脏的思想在贪婪的

塞缪尔·博夫，《制造业城镇景观》，（1886 年），水彩画

小鼻子下全部都暴露无遗。

格雷诺耶就这样嗅着，仿佛要嗅进狾犬的灵魂，令它止不住地颤抖。而这座城市也同样蒙上了一层贪婪的警觉，从身体散发出的物质在空气中暂存，城市的街道宛若一间密室，弥漫着令人恐惧的烟尘、油味、蒸汽、呼出物、发酵气味以及瘴气的混合物。

"绒毛?"玛格丽特诧异地问道。

"是的，绒毛。"贝西重复道："在工人梳棉的时候，这些很细小的物质就飘浮在周围，不断地在空气中聚集，直到它们看起来是普通的白色灰尘。他们说这种物质会缠绕在肺部，使其收紧。无论如何，许多在梳棉房工作的人会无端开始不停咳嗽，然后吐血，因为他们中了这些绒毛的'毒'。"

在许多作家（如伊丽莎白·盖斯凯尔和查尔斯·狄更斯）的描绘中，19世纪的英国北部的工业状况变得清晰可见。在盖斯凯尔笔下的"暮色镇"（即英国兰开夏郡棉花产业与纺织工业中心）弥漫着令人窒息的空气，因为有"毒"的绒毛就飘荡在空气中。在生产作坊的极端湿热的条件下，织布机运作时产生的绒毛和棉尘悬浮在空气中，形成了一种会对人体健康产生威胁的空气环境。随着空气成为将人力商品化与利用资本"剥削"劳动力的标志，工厂内关于传染病原体的空间隐喻开始流行起来。于弗里德里希·恩格斯而言，只有低阶层的人才不得不忍受这种空气，他的研究结果于1844年公布。空气变得腐烂、有毒、致命，这"好像带有某种目的性"，似乎想要强迫这些底层人士陷入令人费解的状况中去。

恩格斯认为，工厂导致了这种糟糕空气环境的出现，其中充斥着资本主义制度整体的不平等。工厂中的工人身处最糟糕的环境中，环绕着过量的有害气体及废物，不得不陷入一种恶性循环。在英国兰开夏郡与美国马萨诸塞州的大型棉纺织厂，以及印度孟买棉纺织厂的快速发展中，蒸汽不仅能驱动工厂机械设备运转，而且可以减少断线情况的出现。但不幸的是，蒸汽也形成了令人窒息的潮湿环境，成了疾病滋生、传播与扩散的温床。为了方便将棉花穿入织布梭，穿入梭眼之前纺织工人会吸吮一下棉线，这就是所谓的"梭子吻"，它同样会导致许多呼吸疾病。纺织工们每天"亲吻"梭子的次数达 300 多次。并且，在工厂审查员实施《公共卫生法》前，工厂的条件一直未能得到改善。

到了 19 世纪 40 年代，英国工厂委员会指出，工厂中的温度过高形成一种类热带气候环境，对人体健康极其不利。人们纷纷认为这种空气环境会因过高的空气温度对工人产生身体和思想上的消极影响。

危险的是，这座城市的街道、工厂及房屋均像是影响健康的有害空气聚集地。从国家层面而言，通风非常简单。有害空气被禁锢在城市之中，人们也一样被限制在城市的空气里。"在这种环境下，底层人怎么可能健康长寿！"恩格斯大喊道。从卢克·霍华德对城市空气的研究中，我们或许可以找到一些数据支撑现如今所称的"热岛"效应或"城市冠层效应"。调查显示，如伦敦这样的城市均呈现过高温度，霍华德认为这或许是由于城市内居民和工厂的聚集，比铸造厂、酿造厂等在城市中大量排放热气及其他气体。霍华德认为是这些物质使得整个城市的温度比冬季内陆其他城市的温度要高，而在夏季，温度更高。

陌生的空气

发现自己的屋子比壁炉还要热后，鲁德亚德·吉卜林不得不走到"恶臭的黑夜"中，因为外面似乎稍微凉快些。吉卜林的故事《暗夜之城》勾起了人们这样的回忆："我们在不能称之为空气的空气中喘息，因仅存微弱气息的黎明而感到不适。"他的叙述反映了人们认识到欧洲城市的空气污染会导致疾病，并且详述了殖民地城市中更加不稳定的气氛，这种气氛似乎也已经传到了伦敦、兰开夏郡或巴黎。吉卜林故事中的夜晚总是浓雾环绕且十分油腻，罪孽与恶行在夜晚中游荡，似乎所有事物都涌了进来。穿过加尔各答，吉卜林的脚上一定会沾满泥浆。公寓的空气中带一股酸臭味，令人憋闷难耐。吉卜林也不可避免地遇到了臭气熏天、令人作呕的空气环境。实际上，这些恶劣的空气似乎是从城市地表之下的某些地方散发出来的，伴随着阶级斗争的出现，这座城市病态尽现。人们的不满与公共卫生、城市规划以及殖民政府的折磨紧紧联系在一起。在吉卜林看来，恶臭空气的本质就是长期无人问津的可憎事物变得腐烂或是发臭，并且这种状况亟待解决。

　　空气，或许是人们到达某一陌生地方最明显的标志，也许是一种能令人们将内心深处的不安具象化的方法。"这种不安一直萦绕在他们心头，能洞穿一切。"经典的旅行纪录片和人类学的一些理论都是证明人类能感受到陌生空气的最好例证。在19世纪的旅行文学中，欧洲人观察事物的方式使得空气变得可被人类感知。印度弥漫着灰尘，充斥着劣质空气，新鲜空气匮乏。在英国殖民统治印度时，空气甚至可以反映出阶级不平等。有害空气逐渐成了粪便的代名词，经历过殖民地和阶级划分之后，人类的粪便似乎随处可见。狂热与停滞成了空气的特征，融合了关于疾病传播的新兴科学论述、对于道德和性别的社会态度以及可怕的殖民统治法规。事实上，空气未必能帮助游客明白到底是什么使得他们在第一次到某个地方时就感受到了一种令人不适的氛围。游客更有可能在厌恶感与随之而来的异类感中窒息。

在 19 世纪末的旅行叙述中，将开罗描绘成了极好的城市。德·盖尔维尔在其出版于 1905 年的《新埃及》一书中记录了游历这个国家的经历，完美描绘了诱人氛围中疯狂的行动"反反复复"很快会令人感到不适。

在早期的旅行纪录片中，空气是一种映射，是对远方的想象，以文字或图像将对伦敦或巴黎的想象具象化。夏尔·波德莱尔感觉到带有某种欲望的芬芳空气喷发而出。他呼吸着"温暖的香味"，看着"海浪朝我涌来"，像是一种邀请。《头发中的半个地球》是波德莱尔散文诗集《巴黎的忧郁》（出版于 1869 年）中的一部分。正如《恶之花》中对头发香味的描写一样，他强调了一种感觉，那就是这种缥缈的香味犹如移动的空间。就好像一艘船，将人们带至"更香甜的环境中，去往蔚蓝的地方，而那里空气是香甜的"。

在关于气味的想象中，女巫的形象让人印象深刻。女巫给人的感觉是行为失范的，她们的语言表达了自我的想法与感觉。女巫会利用花言巧语诱惑他人，咒语会

给他人带来麻烦。她们拥有敏锐的嗅觉，读过德国故事
的人会对她们比较熟悉，或是读过像罗尔德·达尔等儿
童文学作家作品的人会对她们有更加深入的了解。女巫
擅长炖煮不明液体，散发气体，因此人们认为女巫会通
过散发难闻的气味来影响环境及其周围的居民。她们甚
至可以控制其中的成分。在丹尼尔·加德纳1775年创作
的绘画作品中，德文郡公爵夫人乔治亚娜再次被丑化，
但这次她是以女巫的形象出现的。三个人其中之一是莎

士比亚笔下的麦克白夫人，她旁边的是其名媛朋友伊丽莎白·兰姆和安妮·西摩·达梅尔。或许她们口中反复念叨着三句话："公平即肮脏，肮脏即公平：盘旋在雾霾中，穿透污秽的空气。"

雷诺兹-鲍尔强调了艺术家们试图将场所融入作品而作出的努力，但她忍不住将场所氛围与第一批来自东方的作品相比较。由于已经受到西方的调节与干预，开罗的"地方色彩与氛围"只能在"雄心勃勃的希腊人和黎凡特人"的手中走向没落，因为正是这些人管理着为欧洲游客提供的格瓦济舞蹈，并令其成了安特卫普或阿姆斯特丹当地任意一家咖啡馆里的日常节目。鲍尔认为，当地的艺术家缺乏创作出令人瞩目的作品的能力，也没有任何原创性或新颖性。正如本雅明对"偶然性的火花"与权威存在的"神奇价值"的描写，东方氛围的正面价值在他们作品再创造的过程中逐渐消失。熟悉了图片中展示的开罗城市内景与街景的游客，比如鲍尔，在看到这座只有淡淡的东方氛围的城市时或许会感到失望，因为开罗极具现代化的城市特征会令游客们误以为他们在其他任何地方。鲍尔写道，具有东方氛围的那些东西，已经不在原地了。

毋庸置疑，对于开罗这座城市的魅力与缺点，雷诺兹-鲍尔称得上是十分挑剔的审查员，但不要忘了，在研究空气及其益处方面，鲍尔已经是杰出的专家了。她描写欧洲疗养胜地的作品也很出名，而且或许开始写《哈里发之城》一书，跟她对健康空气的担忧一样是件好事情。在书的开篇，她引用故事中的话描绘了开罗的城市氛围，"温柔——它的气味比沉香还要令人心旷神怡"。

恐怖之夜的空气

那个夜晚阴森恐怖，弥漫着毒气，

死去的商人洗劫了无辜的平民，

咳嗽、叫喊、哀号、尖叫声不绝于耳……

如果说空气是一种危险的且被污染了的东西，那么20世纪的空气中还充斥着很多不确定因素。拉法特·胡赛尼的诗令人回想起了1984年印度博帕尔的一场事故，那时因有毒气体泄漏，居民陷入恐慌，他们开始感觉到云层的异样。他们彼此之间的痛苦变得模糊不清。空气再次加剧了居民的恐慌情绪，令他们想要逃离。唐·德里罗的《白噪音》一书中写道，因化学品泄漏而导致的有毒气体及云层，意味着动荡，也是杰克·格莱德尼的处境。某种模糊不清的物质随着云的移动而移动，人的身体也因长时间暴露在这种环境中而发生变化。

格莱德尼穿过烟雾，他很惊讶地发现这就是现实，而不是谣言，这些云形成了黑色的巨浪。当路人伸着脖子向外眺望，想要寻找观察的有利地点时，他们的身体出现了反应。军用直升机的强光发出清晰的光束，像黑色云层中的小太阳，令人们暂时看到了这一事故。在军队直升机和车辆灯的指引下，人们看到云层中充满了化学物质，但没人知道究竟是什么。整座城市的紧急撤离场面十分壮观，像是一场清洗活动，"人们带着他们的孩子、食物和随着物品艰难地穿过被雪覆盖的天桥，成了一群一无所有的可怜人"。

除体液说、毒气与细菌说外，博帕尔的灾难事故以及德里罗在《白噪音》中对毒气泄漏的描述都表明，空气的复杂性人类难以驾驭。胡塞尼正记录着历史上最严重的工业事故，据相关估计，此事故中死亡 3 000 至 10 000 人，并令 50 余万人在高度污染的城市环境中受伤。博帕尔的联合碳化物公司化工厂无法将这些令人作呕的工厂迁至城市之外，其设备故障发生毒气泄漏，毒气扩散到周边地区和居民社区。在《白噪音》中，我们面临着现实与科学模型世界的融合，但模拟无法还原当时真实的事件和相关举措，也无法解释这些未知的变量因素和意外事件。这两起事故，一起是《白噪音》书中虚构出来的，而另一起却是恐怖的事实，表明我们想要了解空气的复杂性及其可能带来的后果异常困难。这些环境下的空气似乎与军事思想家描述的战争迷雾有些类似。以卡尔·冯·克劳塞维茨的比喻为例，他将空气看作是一种折射介质，扭曲信息，放大失误。在《白噪音》中，杰克试图通过应急救援服务找出一些答案。"情况怎么样了？"杰克问道。对方回答他说："切入点并不如想象中顺利。概率过大。"

概率过大是什么意思？怎么会过大呢？模拟疏散科学家通过晦涩难懂的语言和实践证明了有毒气体的存在。他接触的毒素和由科学得出来的数据实在是太多了。科学家解释说，他们得到的是带有脉动星体的同类项数据。杰克问道："这什么意思？"科学家回复他说："你最好不要知道。"对博帕尔灾难的研究同样是徒劳无功。

毒气依旧存在，博帕尔居民仍长久处于混乱与焦虑状态中。有些居民意识到有一股奇怪的味道，以为是他们的邻居在炒辣椒，这些人虽然知道气味有些不同寻常，但他们觉得或许是自己搞错了。很快，他们变得呼吸困难。还有些人迅速逃离，但因为没有疏散计划甚至没传出任何消息，很多人只能再跑回毒气中，选择待在那里不再逃跑。金·福敦曾试图彻底理解这场灾难及其法律后果，在他看来，空气不过是这场灾难中有毒烟雾以及应承担责任群体的一个恰当隐喻。博帕尔这座城市看起来更像是一场旋风——一个因空气逆流导致的大旋涡，呈螺旋状地将所有事物升空——而毒气的受害者就位于风暴中心。

应对此次泄漏事故负责的公司由美国联合碳化物有限公司持股一半，印度政府持股 22%，剩余股份由印度居民持有，事故发生后他们玩起了互相指责的游戏。联合碳化物有限公司指出，因有人蓄意破坏工厂，才导致了此次事故的一系列责任，但这种情况不在联合碳化物公司控制范围。实际上，联合碳化物公司在 1988 年的一篇研究论文中空气成了有人蓄意破坏工厂的证据。这篇论文中引用的主要证据是一个茶童发现在毒气泄漏后，员工之间弥漫着一种紧张气氛，因此"证明"了所有在场的员工都涉及蓄意掩盖事实。论文的作者在博帕尔化工厂的管道布局上画了几个圈，尤其是与贮藏罐连接的地方。科学家得出了可能导致化学物质泄漏的因果关系，并将其源头归咎于一两个心怀不满的员工。福敦写道，在时间与空间上，这场教训直白明了，被人封存且受到了限制。总之，它现在结束了。

2007 年，艺术家卡纳林卡进行了一场存在争议的奇怪实验。沿着波士顿完整的疏散路线系统慢跑，据记录在 26 段行程中需要 15.4 万次呼吸才能离开这座城市。这个疏散系统 2006 年就已安置，用于城市应对潜在威胁，比如暴风雪、恐怖事件、龙卷风、基础设施故障或火灾。卡纳林卡将自己的呼出的气体储存在雕塑式的档案中，此档案包括 26 个玻璃罐，每一罐的呼出的气体对应着疏散路线的每一段路程。罐子里的扩音器会播报记录下来的呼吸次数。对我们而言，卡纳林卡的呼吸档案或许是巴黎空气图书馆的延伸，马塞尔·杜尚在其 1919 年的画作《50 毫升巴黎空气》中曾提到过巴黎空气图书馆，由集体呼吸和构成巴黎空气的放射物质组成。因此，这些收藏品为我们解决历史问题提供了一个方向。到目前为止，我们还没有一个全球性的空气图书馆，那我们如何真正得知空气是什么样的？我们如何保存过去空气中的气味与感觉，酝酿我们的情绪与谈话呢？城市生态史学家大卫·吉森提出了具有独创性与投机性的城市空气冰芯档案，比如曼哈顿，在产出舒适、逃避与避难的新型室内设计方面，这座城市中的工程师十分高产。吉森改进了 20 世纪 50 年代波尔曼绘制的垂直向天空伸展的城

博帕尔纪念雕像，
2009 年

大卫·吉森，曼哈顿
商业中心重建示意
图，2002 年

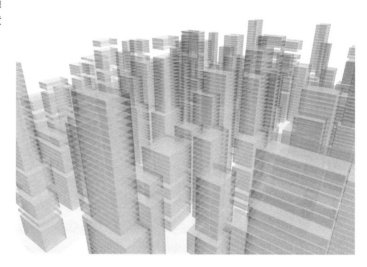

存储呼吸的容器，
2008 年，音频雕塑

市建筑地图，选择用类似冰芯的形式来表示这些建筑。
他意识到曼哈顿大量室内空气的产生与能源消耗，这意
味着一个又一个大量人工天气的堆叠。

修　复

　　清新的空气能起到真正的滋养作用，使呼吸变为一大乐事，也使得静止的空气再次活跃起来。

　　一个名叫海蒂的小女孩坐在地上，看着一天的时间从她眼前溜走。太阳缓缓落山，在余晖中，山顶似乎有了生命，草地披上了一层金色的外衣，她上方的岩石闪闪发光，令人眼花缭乱。女孩突然站起来，大声呼唤着她的朋友彼得。余晖渐渐消逝，直至最终完全不见，岩石也从玫瑰金色变成了灰色。海蒂瘫倒在地上，看起来闷闷不乐。

　　海蒂暂时的不悦在德塔阿姨将她带到法兰克福一个富裕的家庭后消散了。海蒂即将成为这家女儿克莱拉的朋友，但克莱拉无法离开轮椅。远离了山峰，海蒂感到很绝望。她感觉自己是在坐牢，犹如笼中之鸟，看不到天空也无法开窗呼吸空气。城市中没有山，没有花，也没有雪，那些勾起她对阿尔卑斯山脉回忆的件件小事使得她经常以泪洗面，患上了心疾。幸运的是，这户人家

瑞士恩加达明山上海
蒂家乡的纯净

的家庭医生十分具有同情心。他认为唯一的方法就是让
海蒂重新呼吸山区的空气，那里的空气可以治愈她。

海蒂回到跟以前一样的日落中，但心境早已不复从
前，因此，她对山间空气的体会也改变了。随着山坡被
落日映得火红，白雪区域变得金黄，玫瑰红的云朵在天
空飘荡，海蒂内心一片平静。这次她不再害怕或是为这
般美景感到惊奇。相反，她快要溢出的情感凝聚成了一
串串泪珠从她的脸颊滑落，好似松了线的石头从山坡滚
落。书的后面有提及，按照家庭医生的指导，克莱拉很
快被送到了阿尔卑斯山区看望海蒂。到达的第二天克莱

拉睡了个懒觉，坐在阳光中，感受着微风拂过脸颊，她闻到了冷杉树的香气，感受到阳光温暖地亲吻着她的手和脚，克莱拉从未感到如此幸福。

约翰娜·施皮里知名的儿童故事，首次出版于1880年，呈现了欧洲南部山地景象。这些故事中的空气毫无疑问是"上等"的，可以令身体和心灵得到恢复，甚至也出现在医生开出的药方里。故事中提及的地区（即瑞士东部、瓦伦西部和巴德拉格斯之间的地区）以"海蒂之地"为人们所熟知，甚至是山上的一股矿物质水，也会被视为海蒂之地水源。那里优质、纯净、令人感到精力充沛的空气是当地滑雪和冬季旅游产业赖以生存的一部分。海蒂之地的空气甚至还会在夏季和冬季发生改变，若深呼吸一口那里夏季的空气，可以帮助人们从日常的琐碎中解脱出来，毫无杂念。若呼吸了那里冬季的空气，则会将自我从平凡沉闷的生活中释放出来。推广优质空气与海蒂所创造出来的社会和医疗背景紧紧联系在了一起，因为海蒂，这个呼吸着优质空气的孩子，空气成为可以治愈疾病的象征。

在高处

哲学家弗里德里希·尼采曾写到过身体内部的节奏——一种由其周围环境所驱动的精神新陈代谢。他要求人们为自己列一个清单，记录所有智者曾去过的地方。

这些地方，比如巴黎、普罗旺斯、佛罗伦萨、耶路撒冷和雅典，都拥有着极好的干燥空气。事实上对尼采而言，优质空气即是天才们所依赖的，澄澈的天空能够为人们的新陈代谢注入力量与活力。上一章中反复提及的劣质空气是一种威胁，尼采认为，只有优质空气才能为人们带来好处。以此作为一种"极其精准与可靠的方法"，尼采很容易就能解释气候和天气对人们健康和工作的影响。他写道："尽量不要久坐，不要相信任何不是在露天空气与自由运动中产生的想法，不在那种环境中肌肉也不会感到放松。"

从尼采的观点我们可以看到一种强烈得近乎激进的欧洲传统，即认为高处纯净的空气才是有助于恢复健康与幸福的正确生存环境。波德莱尔的诗学中也反映了这样一种传统，他认为在"上升"的过程中，阿尔卑斯山区的空气可以净化心灵。正如加斯东·巴什拉在阐述尼采关于空气的观点时所发现的那样，人类对重新回到纯净空气有一种文化向往，渴望在空中舒展，心灵和身体都得以飞翔。如我们所见，身体在低地受污染的空气中产生的反应，正是巴什拉所描述的属于山顶和我们梦境中空气的滋养力量。

施皮里书中海蒂将这种观点具体化的时机并没有错。

这本书问世的同时，空气已经成了医院和卫生治疗以及高山诊疗所治疗体系结构的一部分，这些地方的度假胜地一般会有大量与健康和休闲旅游有关的项目。位于瑞士恩加丁的达沃斯就是为肺结核患者设计的高山疗养院典型范例之一。高原上的特殊空气与阳光成了其他疗养院计划坐落在同样气候的基准。该建筑由卡尔·图尔班设计，全部用于卫生保健，使患者能够享受优质空气与阳光带来的好处。随后修建于 1907 年的亚历山德拉王后疗养院将吐尔班的设计提高到了更现代化的设计水平，由奥托·普莱格哈德和麦克斯·海菲力着手设计。随着治疗肺结核手段的发展，室外空气和阳光被视为治疗不同的肺结核变体与疾病的理想结合体。旅馆与疗养院似乎处于稀薄的空气中，由阶梯式的阳台和阳光露台装饰，那里的空气与欧洲和北美地区城市贫民区中的肮脏、停滞的空气截然不同。

高山疗养院设计的改进意味着人们对于高山气候的想象发生了巨大改变。以往高山在人们的印象中冷峻、寒冷、危险丛生，而现在充满美感，令人感觉高处环境轻盈且宁静。高山上的空气变得能治愈疾病，对健康旅游业产生了奇特的吸引力。对肺结核治疗专家和疗养院专家勒内·伯南德而言，疗养院可以很好地利用其高处的地理优势。那里的空气纯粹且令人精力充沛，空气中浸润着天体辐射的神秘力量，与炽热的光奇特地联系在了一起。威廉·康拉德·伦琴发现了 X 射线，居里夫人发现了放射疗法的价值，从此之后，日光浴疗法与光线疗法相遇。在这些疗法出现之前，瑞士医生阿诺德·里克利和其他临床医生，如莱森的奥古斯特·罗里尔和美国的约翰·哈维·凯洛格，提议患者沉浸在甚至可以说是在空气与阳光下沐浴。1855 年，作为"大气疗法"的一部分，里克利提出了"空气浴"疗法，即让患者沉浸在空气与阳光中。

高山疗养院甚至成了那些想要逃离城市病态生活的人的去处，在休战时期，高处的达沃斯小镇入住了一批表现主义画家，如恩斯特·路德维格·基希纳。他们感受到了卢梭所说的"呼吸轻松、倍感轻盈、身体敏捷、内心平静"。成为德军炮兵驾驶员后，1916 年基尔希纳不堪重负，多次来到疗养院休养，试图逃避德军步兵的征兵。战争改变了基尔希纳的生活环境，令其不再能沉浸在柏林工作室。战争的残酷令生活变得肤浅、无关紧要、转瞬即逝。在他看来，他的工作就是去理解天地颠倒的混乱，寻找空中的某些东西，以及从混乱中找到某种灵感。在 19 世纪晚期至 20 世纪早期，欧洲北部并不是唯一一处可治愈疾病的空气之地。南加利福尼亚也有相同的阳光，吸引移民搬迁至此，取名为"大自然大型疗养院"。那里气候宜人，纯净的空气且和煦的阳光正适合肺结核患者疗养。

海 洋

在简·奥斯汀的长篇小说《劝导》（1817 年）中，亨利埃塔和安妮在科布散步，那里是莱姆里吉斯的常用码头，位于英格兰南部海岸，是一处能够享受宜人海风的天然之地。据亨利埃塔说，那里的海风永远那么凉爽，很少有例外。所以它被认为能够帮助人们痊愈，甚至比世界上的所有药物都更有用。当安妮被海风吹过的脸庞吸引了男人的视线时，他开始用一种带有诚挚赞赏的眼光看着她。这个男人看到她面色红润，似乎重新拥有了颜色。温特沃思上校回应了倾慕者的凝视。

作为健康的乐土，这些地方也为人们进行反思与恢复活力提供了机会。在诺福克海岸北部的克罗默，在《南方与北方》（1855年）中，伊丽莎白·盖斯凯尔笔下的玛格丽特·黑尔在父母和朋友去世后想要寻求强健身体的方法。在温蒂·帕金斯看来，我们所看到的是女性自主出行。受优质空气的吸引，她们乘坐维多利亚铁路到达海边度假区。玛格丽特离开了父母前往克罗默。在海边时，她一动不动，只有微风及其他物质在她身边移动。玛格丽特在那里治愈了心灵，也恢复了身体。在微风的吹拂下，玛格丽特重返小镇，她将自己的命运掌握在了自己手里，一个全新的自己就这样诞生了。

现实生活中的女性也开始效仿玛格丽特·黑尔去往克罗默。她们在布赖顿码头和其他海边小镇散步。那里设有上流社会人士散步的长廊以便他们呼吸海边空气，感受海风。海滨广场、散步长廊、码头、街道、栈桥和露台都是依靠地中海建设而成，比如威尼斯，尤其是巴勒莫的小船坞。女性日益增多的自由迹象在凉爽的海风

《劝导》中的插画，
珂罗版，1892 年

与树荫的遮蔽下得到延伸。"据说，没有哪位丈夫会想着
禁止他的妻子夜晚在码头的树荫下散步。"

　　《南方与北方》一书中的空气与氛围都预示着黑尔的
现代性，同时表达出对劣质空气更广泛的社会担忧，甚
至是对体液说中抑郁质的担忧。罗伯特·伯顿在 1621 年
出版的《忧郁的解剖》一书中对此气质做出过全面解释。

抑郁质是一种普遍影响文学与艺术的气质。它的氛围浓密、浑浊、模糊且不纯粹。抑郁质代表着一种沮丧的精神状态，它会影响心理状态，从而导致患病。抑郁氛围由内而外对人造成伤害。在前往克罗默之前，玛格丽特深受这种氛围折磨。它们将她淹没，抑制她的情绪，使其母亲在沮丧中窒息而死，但她最终选择面对这些情绪。在这个过程中，她重新为自己积蓄了一些力量。在克罗默，玛格丽特呼吸着属于她自己的空气，之前在米尔顿时她还在与抑郁情绪抗争。起初，玛格丽特对空气很冷漠，或者说她对空气的态度如风一般多变。玛格丽特沉浸在赫尔斯通的环境中，那是她小时候居住的地方，位于南部。那时的她为身边的一切感到焦虑、害怕与担忧。内心的不和谐很快在一个晴天消散，她只想像蓟花冠毛一样轻盈地飘走。她的处境彻底改变后情况也随之发生改变。她父亲辞去了部长一职，前往暮色镇米尔顿北部

临摹自威廉姆·麦康奈尔，《布赖顿码头》（1866 年），雕刻版画

就职。离开这座房子搬入他们一开始在米尔顿郊外租来的住处时，玛格丽特看到房子的周围环绕着一片浓雾。

"哦，玛格丽特！我们要在这里住下吗？"黑尔女士无奈地问道。在提出这个问题时玛格丽特的心里感受到一阵凄凉。她近乎是无法自控地说："啊，伦敦的雾气有时比这还严重！"

"但是你了解伦敦，还有朋友住在那里。这儿呢？好吧！这里荒无人烟。天啊，狄克逊，这是什么鬼地方！"

"不得不说，夫人，我确信你很快就要死了，那时我就会知道谁能留下来！"

……

在这里感受不到一丝舒适。他们在米尔顿安顿下来，必须忍受一整季的烟雾。在充斥着浓雾的环境中，他们感觉自己被排除在所有其他生命之外。

事情变得越来越糟。在搬出浓雾住进米尔顿后，神志不清的玛格丽特精神状态好了很多。那里的空气，不像城乡结合地区的雾气潮湿中带着凄婉令她的母亲整日担忧。不幸的是，黑尔女士染上了呼吸道疾病。想到肺结核可能导致其死亡的苍白宿命，玛格丽特的母亲选择隐瞒自己的病情。她认为自己知道自己身体的真实状况，尽管从外表看来，她的身体情况更糟。读到这感觉，女

性对空气极其敏感，像风中的旗子，同时，书中的男性
却反对它——反对这阵风。工厂主桑顿先生与这样的氛
围为敌，尽管他就在这样的氛围中生活，他依旧憎恨空
气本身。当得知桑顿先生要来喝茶时，黑尔女士无奈地
说道："但是，无论是东风还是西风，我保证它会来。"

玛格丽特学会了怎样面对环境。我们可以通过米尔
顿大罢工中的劳工关系来理解。桑顿先生站在工厂前院，
越来越多暴动的工人聚集于此宣泄他们的不满，情绪濒
临崩溃。从桑顿先生的不为所动和玛格丽特的敏感，更
加说明男性常与较为理性的视觉世界联系在一起；而女
性通常在触觉、味觉与嗅觉方面有更高的敏感性，比如
晚饭的味道、她丈夫与孩子的触感、花园里的花香、衣
物与针线的感觉，还有壁炉的温暖。

在米尔顿，从比喻的角度而言，受到工人们"攻击"
的实际上是玛格丽特，而非桑顿先生。人们的行为和环
境都充斥着兴奋感。他们在精神和身体上都呈现出狂风
雷鸣般的气势，围绕着玛格丽特，出现了远处低沉的怒
吼声——还记得法国大革命的气势吗？湍流不息的人群
再现了空气与气流的不稳定混合，一开始还只是慢慢扩
大范围的黑压压的人群，玛格丽特注意到，气氛的干扰
迫使他们开始行动。人们的身体犹如攻城撞槌一般开始
攻击工厂的大门，坚实的大门便如顺风的芦苇摇摆。在
失控的那一刻，桑顿先生的威信受到了限制，他无法讲
话也无法移动。他收起身体，环抱双臂，像是保护自己

的一道屏障，身体像一座雕塑，他的默不作声令暴怒的
狂风自由肆虐。这时，玛格丽特预感到愤怒的人群有可
能会伤害桑顿先生，暴怒的情绪轻易就能淹没她们。她
看到有些人扔出了他们的木屐，宛如朝着不安的人群投
出一根潜在导火索，像恶魔一样利用这次机会煽动人们
的情绪，因为氛围一旦被调动，人们就会不自觉地陷入
其中。她冲出去选择面对人群。玛格丽特这一举动令现
场气氛变得不一样了。

她此刻站在桑顿一家与他们的敌人之间。她无
法开口讲话，只能朝他们伸出双手直至能重新开始
正常呼吸。

受控制的空气

空气真的能够治愈人类，使身体恢复至完全健康状
态吗？新兴的城市与医学科学围绕着城市居民的卫生与
生活状态提出了一个略有不同的问题。人们不想生活在
有害且细菌滋生的环境里，那种环境中的空气既危险又
容易致病。同时，空气管理也正在以全新的且对人体恢
复健康有益的形式呈现，其最大的作用在于使生活在空
气中的人们与空气之间的关系变得更和谐。米歇尔·福
柯指出，18世纪的法国与百姓的关系发生了更广泛的
划时代改变，医院作用的变化便是其中一部分。尽管医

院曾被视为是等死的地方，但在 18 世纪末，英国人约
翰·霍华德做出疾病通过空气传播的实验后，医院在人
们心中的作用很快发生了转变。1788 年，特农出版了其
在巴黎一家医院的回忆录，表明医院的角色发生了转变。
与位于法国拉罗谢尔和马赛的军事与海事医院不同，这
些医院的设立旨在通过隔离防止疾病传播，而巴黎的主
宫医院开始被视为可以治愈疾病的地方。从这里我们可
以看出医院及其与空气的关系之间出现了关键性的改变。
空气成了医学的研究焦点，发现在患者濒临死亡时感受
到的空气会变少（与测量出来的空气相比）。在医院和疗
养院，身体周围的空气和身体本身都有益于治愈疾病。
要想达到这种效果需要医学朝着空气环境的方向转变，
从而使患者状况得以缓解。

　　1772 年主宫医院遭受火灾损毁，之后医院里程碑式
的重设特农也曾参与其中，但未能完成。拉瓦锡认为仿
照罗马圆形大剧场设计大量圆形结构很有必要。他甚至
在传记中提到，现有烧焦了的医院明显对人体有害。图
纸上的设计未能在主宫医院成为现实，这一设计最终于
1854 年用在了另一家医院。设计图纸中细致规划了控制
空气流通的措施，根据疾病类型，将病房和患者的情况
进行空间布局分类，控制人流量以及出院、入院的问题。
在有光亮和通风的地方居住，对患者确实是有好处的。
连空气的温度都有着严格把控。从实验中我们可以得知，
在病床两侧及顶部用屏风隔开可以使空气保持流通，但

阻止不良空气的传播。

这些设计理念很快传播开来。在英国，隔间计划开始实施，首先是 1762 年在德文郡普利茅斯的皇家海军医院实施，许久后，在由亨利·科瑞进行宏伟设计的圣托马斯医院实施，于 1871 年在泰晤士河的阿尔伯特堤岸实施。这些设计都强调了隔离、间隔和通风的特点，每个病床隔间会设有一个窗间壁。

疗养院也开始进行相似的空气管理部署，虽然优质空气地区是身体不好的人的首选度假地，但人们已经开始意识到，任何地方都可能拥有健康的空气。瑞士结核病专家勒内·伯南德认为，他在莱森设计规划疗养院的方法甚至可以简便容易地用于位于埃及沙漠的阿尔哈亚特旅馆。吉尼亚尔认为，这并不是因为空气质量不重要，而是因为只有在正确的设计规划引导下，这种方法才有治疗作用。

亨利·科里的伦敦圣托马斯医院，**1868 年**

再回到克罗默，在玛格丽特·黑尔去过后不久，瑞士具有治愈性的空气通过结构化使用室外疗法和治疗肺结核的药物也被带到了南诺福克。让空气流通进来或让患者待在户外的理念似乎与不信任阵风和气流可以渗入病房的观念相反。医院位于诺福克曼兹利，医生 F.W. 伯顿·范宁是在英国推动室外治疗的先驱之一，曾于 1898 年在杂志《柳叶刀》上发表过成果。1897 年，伯顿·范宁在曼兹利的疗养院开始了他的一系列试验。他的试验成功了一部分，能够消除结核分枝杆菌。该菌只能在少数患者的痰液中发现，并能减轻大多数患者的发烧症状。很快他开始计划在附近某处建立疗养院。范宁深受结核分枝杆菌研究、欧洲大陆治疗肺结核方法以及城市生理学的影响。城市生理学的研究专家认为由于劣质空气浓度过高或者受污染的空气过多可以滋生这种疾病，但其毒性可以在新鲜空气和充满阳光的环境中得到抑制。换句话说，细菌学说并未完全脱离毒气。此外，良好的身体状态能避免感染。范宁表示，呼吸新鲜空气有利于改善患者总体的健康状态。

范宁十分喜欢曼兹利和克罗默，尤其是这两地方的天气。他对这些地方的喜爱也得到了其他医生的支持，因为他们认为南诺福克海岸的天气干燥，宜人的东风和充沛的阳光，避免了苏珊·桑塔格在描述许多疾病时曾提及的潮湿天气。对于伯顿·范宁在疗养院治疗过的患者，他只提出了一个关键信息：无论患者多么认真地按照他的建议坚持完成在流通空气之处需要做的日常事项，但与专门疗养院的患者相比，他们明显没有什么优势。尽管如此，他的努力还是得到了肯定。大多数的患者无法到达沃斯或欧洲其他高山疗养院在伯顿·范宁看来，患者必须在自己的国家能够接受治疗，其他地方都没用。

在曼兹利进行室外疗法需要一家专门建造的疗养院，通过一套系统的方法来营造患者在室外的环境，并且需要整"患者日常生活中严格的医疗监督"。瑞士小屋风格的新建筑竣工于 1899 年。白天患者可以居住的室外遮蔽处或凉亭，它们被称为新鲜空气卧疗室，错落分布。夏季时，小屋需要装上百叶窗或顶篷避免天气过热，但最有趣的是，伯顿·范宁请诺里奇生产商博尔顿和保罗为卧疗室打造一个旋转平台。有了它，那些不宜过度暴露的患者，就可以转向从而避开盛行风。随着太阳的移动，患者可以从日光疗法的热量中得到更多好处。新鲜空气卧疗室也多为富人的消费品，供其作私人使用（优于花园里的凉亭）。博尔顿和保罗表示设计的小屋可以使最娇弱的人最大限度享受新鲜空气和阳光，且不会遭受强劲寒风的侵袭。伯顿·范宁规定所有卧室的窗户都要持续敞开，以保证空气能够一直流动。他的方法甚至不只可以用于疗养院，还可以经过培训和实践由患者掌握。伯顿·范宁还解释了在患者回家后应该如何正确治疗身体并形成习惯。

我觉得疗养院更大的用处在于深入帮助患者将这些

诺福克曼兹利疗养院

疗法变为正确的生活习惯。我的患者在掌握疗法回家后，对新鲜空气的好处有最深刻的理解，而且不仅能严格遵守规定的生活习惯，还能帮助其他患者摆脱对纯净空气根深蒂固的反对态度。

其他国家也在学习曼兹利疗养院的方法，将空气疗法融入日常事项，尤其是美国，支持通风理论，并且在美国的疗养院通风系统已经成了城市卫生管理的重要组成部分。美国疗养院的设计以曼兹利疗养院为原型并进行扩大。芝加哥是基于空气疗法原则开发疗养院最积极的国家之一，并将治疗肺结核的疗法与其他公共健康运动结合，尤其是关乎儿童健康的方面。在这些情况下，新鲜空气成了儿童医疗的新工具。芝加哥的西蒙斯岛成了专门为儿童和婴儿建造新露天疗养院的地方。疗养院坐落在岛上，与林肯公园之间隔着一座混凝土桥。这所疗养院设计得像是一间大的新鲜空气卧疗室，四面开放的建筑面朝密歇根湖，可容纳 300 个孩子。疗养院中还配备了科技类杂志《大众机械》中提到的吊床样式的婴儿床。理想中的婴儿床应该轻便、露天、耐用、较为实惠且经得住深度洗涤。在近乎工厂式配置的疗养院中，这个解决方案如悬挂式婴儿车一样现代，婴儿车就放置吊床旁边。这个铁丝网篮双边较高，可以用绳子将两端悬挂起来，就像一个吊床。这些吊床可以轻易从支架上卸掉，堆叠在一起。在这些设计问世之前，曾出现过用于保护生命的早期温室——恒温箱。在成为医院的普遍医疗设备之前，婴儿恒温箱作为游乐场和狂欢节展品拥有着古怪的命运。它们是科尼岛游乐场梦境之地和 1904 年圣路易斯世界博览会上的特色，约翰·扎霍斯基的婴儿恒温箱是吸引人群的主要产品。为迎合新生儿护理需求，医院中的婴儿恒温箱配备人工呼吸设备，但是第一套恒温箱仅是用于调节温度以帮助早产儿呼吸并隔离空气中细菌。

芝加哥市级疗养院容纳了 900 余人，配备了带有露天走廊的室外小屋，甚至在衣帽间都使用了网状镶板以确保空气流通，这是一种保持通风的现代方案。市政府还采取了许多措施要求在市民的家中也坚持空气疗法原则，这样即便不在疗养院也可以继续接受空气治疗。

空 气

曼兹利疗养院走廊

新鲜空气卧疗室

伯顿·范宁独创转盘

小屋之残存的庇荫处

1904 年圣路易斯世
博会

1914 年，配药部特殊救济局要求市民在家中必须增设户外睡觉场地或走廊，比如配备特殊设计的床、躺椅和窗帘等。

在阳光下，疗养院通过配备精心设计的床和躺椅使得空气在人体周围流通。他们对折叠式躺椅进行了改进，用轻薄的空气尽可能多地代替其中的原材料。这种治愈躺椅——达沃斯疗养院有自己的设计版本——由山毛榉木、藤条和柳条制成，并在大众市场推出，其钢管设计主要是为了方便阳光露台使用。德国作家托马斯·曼《魔山》（1924 年）一书中的主人公汉斯·卡斯托尔普被安置在达沃斯的疗养院内，对这种绝妙的椅子赞叹不已："这是什么类型的椅子？如果这里也有，我一定会买一把带回汉堡市，躺在上面真是太舒服了。"

在世界大战期间及间隙曼兹利疗养院与艺术和文学方面的人才保持联系，或许疗养院就相当于那时的避难所。曼兹利住院医师安德鲁·莫兰和他妻子桃乐茜是知识精英中的一对。桃乐茜是戴维·赫伯特·劳伦斯的联络员，在劳伦斯的身体因肺结核而每况愈下时，夫妻俩经常会去探望他。劳伦斯是长期遭受肺病折磨，身体逐渐"液化"，变为各种"痰、黏液，最终成为一摊血"，为了呼吸到更健康的空气，他大口喘息，但仍无法吸入空气。劳伦斯的朋友艺术家马克·格特勒，曾经在曼兹利接受过莫兰的治疗，并说服莫兰夫妇前往法国看望劳伦斯，他们于 1930 年在普罗旺斯的邦多勒见到了他。那时的劳伦斯已经病入膏肓。桃乐茜与劳伦斯在一起度过了很长一段时间，并且感觉到他们之间有着一种共同的联系。莫兰夫妇建议劳伦斯，如果他不回英国，就去阿尔卑斯滨海省旺斯的阿斯特拉疗养院接受更好的治疗。

　　在战争初期，劳伦斯和格特勒成了朋友。那时格特

扎霍斯基的婴儿恒温箱

圣路易斯世界博览会

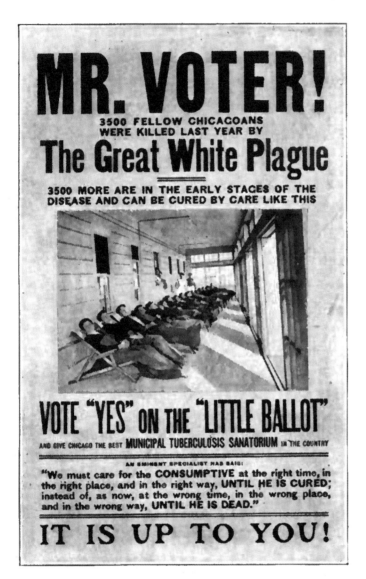

勒是伦敦斯莱德绘画与雕塑学院的学生，与朵拉·卡林
顿、保罗·纳什和理查德·内维森一同学习。在战争刚
开始时，格特勒居住在伦敦，夹在斯莱德和布鲁姆斯伯

里之间，他觉得这里的环境有多振奋人心就有多令人窒息。这种矛盾犹如旋涡在他的脑海和表达中搅动。在与基希纳在一起时，格特勒意识到战争无处可逃、无法避免。伦敦被一片巨大的不祥之云笼罩。在与同伴斯莱德艺术家斯坦利·斯潘塞发生争吵后，格特勒彻底和约翰·S.柯里闹翻，柯里在杀害了多莉·亨利后选择了自杀。在写给布莱特的信中，格特勒说道："他所生活的氛围令我窒息……我想要呼吸新鲜空气，真正的空气。"

特殊的生活环境令格特勒于 1916 年创作出了他的代表作《旋转木马》，创作灵感来自伦敦汉普特斯西斯公园内的游乐场。这幅作品是格特勒感情的宣泄口，劳伦斯将它称为格特勒内心毁灭与恐怖的旋涡。与贝尔·格迪斯的《未来奇观》不同，格特勒所绘的旋转木马上，男孩和女孩不断尖叫。他将机械运动和复对合结合起来，旋转木马上的人张着嘴巴，不是因为开心而尖叫，而是因为痛苦在尖叫。旋转木马的顶部似乎映着橙红色的火光，其周围环绕的羽毛状云雾（也可能是掉落在地面的降落伞形状）可能是爆炸引起。格特勒于 1925 年、1929 年和 1936 年频繁前往曼兹利疗养院，以期在莫兰的治疗下恢复身体和心理健康。

依照莫兰的建议，劳伦斯去了阿斯特拉，但病情还是恶化了。他很希望在那里自己的情况可以好转，"空气——并且我妻子不会再担心我回来了"。1930 年 3 月 2 日，在离开门诊后，劳伦斯前往普罗旺斯的罗伯蒙德别墅，之后便去世了。几天后，安德鲁·莫兰给劳伦斯的密友 S.S.科特连斯基（或称为科特）写了封信，从字里行间透着遗憾，为建议劳伦斯到达沃斯疗养院而感到抱歉。几年后，莫兰在《柳叶刀》杂志上发表了一篇题为《意志对结核的作用》的论文。在莫兰看来，稳定患者的情绪会帮助他们将自己调整至最理想的状态来适应适宜的环境。他将一切归因于对患者提出的严格"生活准则"，很多患者根本没有足够的毅力坚持下去，他们离开家庭，也无法高效地适应"疗养院的氛围"。莫兰认为，在"所有疾病，只有肺结核，治疗患者比治愈疾病本身更重要"。

隔　离

你需要隔离，隔离，隔离。

受空气中有毒物质的影响，一只金丝雀失去意识，从栖木上掉了下来。这只鸟的爪子已经经过修整，防止它在晕倒时还保持直立姿势，因为它的掉落会引起某人的注意。在英国，金丝雀会被悬置在一个名为"霍尔丹盒子"的设备中，利用其反应监测矿井下的有毒气体及浓度，这种方法一直持续到了1986年，电子探测器取代了金丝雀。正如我们在赖特名画中看到的那样，用金丝雀做科学实验十分常见，拉瓦锡也曾用麻雀做过实验。而对苏格兰科学家约翰·斯科特·霍尔丹而言，老鼠、小鸟甚至最后连他自己都成了玻璃烧杯中的实验品。

约翰·斯科特·霍尔丹是一位伟大的科学家，他的身体经历过巨大的不适、疲惫、痛苦和危险。他想尽办法令人们的身体不暴露在伦敦下水道和地下管道世界中，或高海拔地区的危险空气，为此他不得不将自己暴露在危险中。工程师死于一氧化碳中毒后，人们在下水道中

1911 年于派克峰测
量空气交换

发现了霍尔丹；他调查矿难，经常以自己为实验品前往
极端高海拔地区和低地，旨在了解大气对身体产生的奇
怪作用。霍尔丹努力证明，地球上的空气并不是完全一
样，会对人产生不同的影响。

　　霍尔丹为完成最重要的一项研究曾在科罗拉多派克
峰做调查。埃万杰利斯塔·托里拆利已经发现了大气
压，在 1643 年利用矿井原理设计出了气压计，那时玻意
耳对托里拆利提出的"空气海洋"中不同海拔下气压的
差异十分好奇。1911 年，霍尔丹及其研究团队前往科罗
拉多在峰顶展开实地调查。他们将工作地点设置在海拔
4 297.68 米（14 100 英尺）的顶峰安置处。霍尔丹出现
了恶心、腹泻、腹痛、周期性呼吸和用力时呼吸增强等
症状。有些人头痛得很厉害，嘴唇变成了蓝色。他们对

呼吸过程和在特殊高度下的氧气和二氧化碳消耗量进行
了监量。他们对睡眠时和休息时消耗的量进行对比。当
走在火车轨道时，他们利用一种特殊的装置收集呼出的
气体。几天后，他们的高原反应消失了。在1878年保
罗·伯特出版了著名的《气压》一书后，人们发现出现
高原反应是由于缺氧，霍尔丹的团队很快适应了缺氧的
环境。

使用中的"背袋装
置"，用于收集呼出
的气体，1913年

　　霍尔丹意识到，人体就像是一个环境系统，可以进行自我调节。这个系统独立于外部环境运转，并且为保证生命持续，系统会创造出对人体当下状态有益的内部条件。在调节过程中，空气自然而然发挥着重要作用，氧气和二氧化碳通过呼吸系统和体内循环在血液中弥漫、流转。在霍尔丹看来，如果人体在其所处的危险空间中无法正常呼吸，就会想办法改善身体状况并努力适应。霍尔丹通过临时制造的机械设备，将人带到了危险空气、稀薄空气和沉闷空气之地。他还做出改进，为人体提供加压后的空气、更干净和提纯后的氧气，过滤掉战场空气中的致病菌。

　　1915 年，霍尔丹和伦敦大学帝国理工学院教授 H. 布

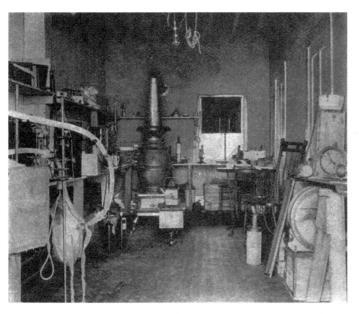

派克峰实验室内景，
1913 年

约翰·斯科特·霍尔丹，1902 年，铂金印相

里尔顿·贝克受基钦纳勋爵之命前往伊普尔，调查 4 月 22 日 2 000 余名法军释放 160 吨氯气的毒气事件。弗里茨·哈伯的设计是现代战争中至关重要的一部分，是真正的游戏规则改变者。以环境为手段干扰人体，事实上空气已被武器化，以一阵致命绿烟的形式使敌人丧失能力，致其死亡。这种新武器的工作原理就是抽空可呼吸

的空气，用毒气代替纯净空气，因此空气环境就会变得致命。

如果毒气战争是全面战争的主要表现——没有人投降或逃跑，每个人都是战士——未必能分清对面是敌是友。露丝·伊瑞格瑞认为空气需要处理内部混乱无比的矛盾，所以有可能会忘记自己是什么以及需要做什么。风也对战争进行干预，将滞留的毒气云吹给了德军士兵，甚至连霍尔丹在前线的建议也不断被误解。和矿工一样，地沟隧道工也会带着金丝雀出工，但忘记了它们的用途。"这只金丝雀怎么样"他们问道。金丝雀已经毫无生气，并且他们周围的小鸟也开始昏昏欲睡。由于没有经过足够的训练，士兵们错误使用防毒面具这使得它们并不能为自己提供足够保护。甚至连防毒面具的制造者在生产过程中也遇到过问题，面具原料碳酸钠意外被换成了氢氧化钠，腐蚀了面具和生产工人的双手。

霍尔丹为追求科学真理与社会进步做出的个人牺牲确实无私，令人印象深刻，但其研究成果的核心却存在矛盾。他的两种解决方案可以被概括为：一，清除某些空气和压力来保护身体；二，培养适应新空气环境的能力。然而，如我们所见，隔离似乎比适应更加有效。

空气建筑

在亚利桑那州图森外的一处沙漠中央，有一个

由玻璃和金属筑成的测地线建筑物，以缩微模型的
形式呈现地球上所有。气候。将有八个人（很明显
四个男人和四个女人）在这里自给自足地生活两年
或者至少两年，这就是计划。

这是哲学家让·鲍德里亚对"生物圈2号"的描述，
这项微型化地球实验由得克萨斯州亿万富翁爱德华·P.
巴斯出资，在1983年此项目已在美国新墨西哥州圣达菲
的生态技术研究所开始进行。巴斯提出了一项由其风险
投资公司（名为"空间生物圈风险投资公司"）和研究所
共同出资的项目。在鲍德里亚看来，"生物圈2号"的实
验展示出了美国文化中难以摆脱的灾变论。人们将地球
假定为已不适于人类生存的星球并因建立的完美、隔绝
且过滤后的空间而被淘汰，在完美空间中没有弱肉强食、
没有疾病，也没有任何污染。于是出现了一个完美的新
世界，有着完美的大气层，绝佳质量的空气，一个"空
气调节的复制品"，空间内已进行"人工"免疫处理，空
气也得到了清洁，这里没有病菌、微生物，也没有外星
人。空气，甚至是所有的一切，都是纯净的。它闪闪发
光的外表下掩盖着一个维持穹状建筑物气候的内部系统。
这个由干燥器、抽水机、控制器构成的复杂系统维持着
空气流通、生物生存和气候稳定。

从美国未来主义者巴克敏斯特·富勒所提出的"穹
顶文化"，甚至是地堡文化来看，生物群系的测地线设

"生物圈 2 号"

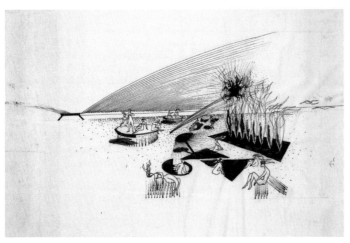

伊夫·克莱因,《有空调的城市》(1961年),墨水画

计或许会更有意义。富勒的总体思路和预期式设计主要关于组织某一环境以实现最优的资源配置,这些理念在现如今著名的测地线穹顶建筑中得以实现。作为与富勒的同代人,在更广泛的无形或空气建筑传统下,1960 年伊夫·克莱因和沃纳·鲁瑙开始了他们的空中建筑项目。

伊夫·克莱因,《空
气建筑》,1961 年

瑞士纳沙泰尔附近的
"模糊建筑",由伊丽
莎白·迪勒和里卡
多·斯科菲奥多设计

1958 年，在克莱因 30 岁生日这天，收到了巴什拉的《空气与幻想》一书，从乌托邦式的建筑项目对空气与元素的推广可以看出，这种设计已让现有建筑材料不再占有主导地位。他们的城市将配备一个由空气构成的屋顶来调节和保护空间。这一切均由空气构成，如空气床垫和空气座椅，而且屋顶、墙壁和地板之间并没有实际的差别。整座城市露天且透明，人体也是这样。

2002 年，瑞士纳沙泰尔湖上出现了更特别的空气建筑。这个"模糊建筑"或许可以作为一个很好的空气建筑的例子，它本质上是一片云雾渗入通道的钢铁骨架，这种技术令人想起"二战"时期短暂存在过的云层伪装技术。通过 31 500 个喷雾水枪，在湖面上形成了宽 90 米、深 60 米、高 20 米的多面空间。无论你身处其中还是在其外，这个建筑经常会改变形状。然而，因为建筑

扎诺塔公司的充气式
手扶椅，1967 年

外层由空气和水组成，所以对风速、风向、潮湿度变化十分敏感。

其他以空气为原材料的设计会使用更紧更透明的束缚物。在充气式设计和建筑出现后，扎诺塔家具公司从1968年起开始利用高频焊接技术将聚氯乙烯片焊接在一起制造充气椅。设计者为乔纳森·德·帕斯、多纳托·杜尔比诺、保罗·洛马齐、卡拉·斯科拉里。为了1970年的大阪世界博览会，他们还向意大利国家展团寄去了充气设计品的样品，其充气式手扶椅在充气家用和休闲产品市场上迅速掀起了一股流行热潮。

另一方面，空气隔绝的原理激发出了多种具有创造性和实验性的设计，这些设计推动了有趣且重要的可持续实验形式的出现，比如康沃尔郡伊甸园工程，由提姆·施密特设计，并于2001年建成。设计风格与之截然不同的是艺术家玛丽·马丁利设计的可穿戴式的房间，还有最近出现的"空中飞船空气之城"，其中包括办公空间、花园、温室、天气图，甚至还有留给老师教授生存技巧的空间，这些悬浮在纽约上空。尽管她的衣服有防电磁和电击的措施，但她所想到的不是灾难和隔绝，而是如何在这个随大气而改变的共享世界中生存和生活。然而，这座空气建筑的另一面却是对空气隔绝的夸大，由于缺乏对元素的掌握，空气建筑缺乏稳定性。

"还在担心气候变化？没有这个必要。"整蛊公司推出的救命球或许是对企业过剩和气候灾难最具讽刺意味的例子。针对从气候变暖可能导致的环境冲击，充气式救命球可以提供私人应对方案。救命球将个人主义发挥到了极致。尽管其顶部很怪异地存在于球体的外面，但在其内部拥有完美的密闭逃生空间。这是一个能产生滚动分子状物质的防御空间，可以自己发电、在水中移动，能从动物身上汲取能量，并且还能暂时与其他救命球堆积在一起。但救命球的"累积"很可能会带来"需要用到时存在无用配件"的情况。在救命球的世界中，人们可以非常谨慎地选择自己的朋友。

说到"生物圈2号"工程，我们知道即使是空气隔离也是不完美的，因为某些部分缺失了。这一生物群落需要通过其"肺部"功能区持续保持稳定，而这一功能

康沃尔伊甸园计划中复刻的富勒穹顶

《保持圆滑》，卡内基·梅隆大学米勒画廊，2008 年

区可以调节气压，并使用大型冷却水塔排除多余的热量，还需要巨大的基础设施来观察、监测和维持系统的运行，并每天为居民提供相当于氧气。这些穹顶并没有像鲍德里亚所哀叹的那样"极端不合理、过剩和荒诞"。这些工程师显然是忘记了生命生存所需的物质。实际上，"生物圈 2 号"的密封圈并不完整，这种隔绝并不是绝对的。从一开始，它所想要形成的效果就是有问题的。二氧化碳过高导致一些动物的死亡，尤其是蜜蜂，从而降低了植物的授粉速度。最终，空气不得不被净化以便清除危险的过量二氧化碳，甚至还需要大量抽入氧气。如料想

的那样，空气并不兼容，它不会轻易屈服，也不会轻易
被模拟。

完美隔绝

2012 年，位于纽约市的联合国总部历经了第一阶段
的整修与翻新，耗资 19 亿美元。联合国秘书处大楼是一
座 39 层的现代主义摩天大厦办公楼，内有空调设备，位
于总部一侧，对面则是呈不规则四边形状的大会厅，内
有穹顶式的中央会议空间。从外形、大气条件来看，我
们可以将联合国大楼看作是一个近乎完美的巨型气泡或
空气体积，这也正是二战后作家埃尔文·布鲁克斯·怀
特所称的"梦幻之岛"。

作家怀特，著有《精灵鼠小弟》和《夏洛的网》等
书，他不仅是将联合国大楼称为梦幻之岛。尽管曼哈顿
真的是座岛，但他的评论更加符合纽约人的生活方式，
地理位置赋予了那里的居民"孤独与隐私的空间"。在他
看来，纽约就是一座完全隔绝的城市。实际上，它也是
一个绝佳的隔绝物。如果这座城市里存在集体意识，从
其历史来看，它会第一次惊讶地发现自己并非"无坚不
摧"。"9·11"事件发生后，怀特曾用一段文字描述了
"一架大小不敌呈人字形飞翔的野鹅阵势的飞机，是如何
快速终结这梦幻之岛的，它烧坏塔楼、破坏桥梁、将地
下通道变为毒气室、令数百万人葬身火海"。

联合国秘书处大楼

　　在怀特的散文中曾提及，纽约隔绝且具备防御性的地理位置或许是其最大的价值之一。其隔绝性同样使整座城市凝聚起来，城市内成百上千、成千上万的居民生活在同一片土地上，呼吸着同样的空气。通过一定程度的容忍、无知，人们与彼此之间隔绝开来。例如，怀特与《绿野仙踪》中的一个演员保持45厘米（18英寸）的距离，在地铁上时他发现自己就坐在他对面，在"个体隔绝"方面（前提条件是某个人愿意，并且几乎所有人都想要或需要个人空间），纽约比其他任何地方都有优势。但是这种优势又是矛盾的：隔绝往往伴随着需要分享的可能。怀特写道，坐在旅馆房间内，坐在市中心通风井中间区域，房间内没有空气流通，我却十分奇怪地能感受到眼前环境散发出的味道。与其他城市不同，曼哈顿能够有选择地退出这些事情。正如怀特所说：

> 当我坐在恶臭熏天的通风井中时，小镇上发生了许多引人注目的事情。一个男人怒火中烧开枪杀死了他的妻子。这件事并未在其小区之外的地方引起任何轰动，仅在报纸上简单地提了一提。

> 我没去凑热闹。我来到这里后，世界上最壮观的飞行表演曾在镇上演出，我并未去看，800万居民也没去看，尽管他们说现场人还挺多。我没有听到任何飞机的声响，除了几架经常从通风井上方飞过的商务客机……我听到汽笛长鸣，但也仅止于此——只是另一个18英寸（45.72厘米）的距离罢了。一个男子被落下的檐口砸死，但我与这悲剧毫无关系，那以英寸（厘米）计的距离感再次出现。

换句话说，这种事件是可选的，但纽约接受了它。在热核破坏、移民增多和国际主义日渐盛行的时代，联合国总部大楼的落成算是一件非常重要的事了。

当然，这一复杂项目的设计团队国际化程度高且知名度很高。它还拥有世界上最复杂且最昂贵的通风系统。企业家约翰·戴维森·洛克菲勒曾将纽约东河和第一大道的一块地赠予联合国，这里曾是屠宰场和轻工业区。1946年2月14日，联合国于伦敦决定定址于纽约，并完成了实际土地购买，而建筑费用直至次年才敲定。1947
年，美国与联合国大会签署协议，约定联合国总部大楼
为国际领土，不受美国主权管制。

　　出生于瑞士的知名建筑师勒·柯布西耶是辅助华莱
士·K.哈里森的十人小组中的一位。哈里森是此项目的
首席策划人。正如"生物圈2号"一样，联合国总部大
楼中需要依赖庞大的空气调节和通风系统来营造出合适
的环境。考虑到秘书处大楼的玻璃幕墙中将排列5 400
个窗户，均由蓝绿色的瑟莫潘双层隔热窗玻璃组成，空
调和通风系统就变得尤为重要。这个引人注目且可以自
我反射的建筑物表面意味着，必须设置通风系统，并将
4 000个独立控制的开利牌气象大师感应装置分别配备在
窗台下，并且设置百叶窗遮阴挡雨。这个设计在现实前
存在着争议。勒·柯布西耶认为应该在建筑物的玻璃表
面都悬挂上防晒断路器，以防止窗户向楼内输送过多的
热量，否则楼内的工作条件将令人无法忍受。勒·柯布
西耶甚至向联合国委员会主席表达了自己的观点，他认
为将总部大楼建在纽约毫无意义，"因为纽约夏天的天气
实在是糟糕……这很冒险，风险太大了"。

　　勒·柯布西耶的观点未被采纳。实际上，选择在
秘书处大楼使用玻璃幕墙是为了提高透明度，但刘易
斯·芒福德抱怨这些有颜色的窗户适得其反。这些玻璃
令外面的人看不到里面，仅仅是在玻璃内部映射出里面
的景象，这也就导致了从视觉上做不到接受公共监督。

1950 年，漫画家伯纳德·柯里班画了一幅画，画中有两个人，平奇和庞奇正在观看这个建筑项目。一则新闻宣布，大楼内将配备"私人空调装置来保护来自不同气候和温度区的人员健康"。看到这里，庞奇说："我听说他们甚至无法在自己想要的温度下聚集……"庞奇回答道："只要他们找到继续在同一栋楼里工作的方法，那又有什么差别呢？"

通过三位一体的通风设置，即"整体、分离和循环"，空气成了环境的隔离物。大卫·博斯威尔·里德为临时议会大厦提出的设计同样想达到隔绝的效果，尽管当时的条件不同。作为通风系统方面的工程师和专家，1834 年面对火灾造成的损害，里德参与了大量会议厅的重建工作。1841 年，他为利物浦壮丽的圣乔治大厅进行

华盛顿特区有空调的国会大厦，哈里斯和尤因于 20 世纪 30 年代拍摄

"通风设计"。

里德提出的理念十分有趣，他将议会大厦看作能够新陈代谢的生命体，有着头、肺和躯干。他为会议厅提出的设想十分矛盾。他想要通过从很高的通风竖井或通风筒壁中抽出空气的方法，将会议厅的环境与旁边泰晤士河散发出恶臭的环境隔离开来。起初计划将设备设置在维多利亚塔和圣斯蒂芬钟塔（现为伊丽莎白塔，拥有知名的"大本钟"）里面。也就是将威斯敏斯特宫看作受劣质空气威胁的人体，为了使其彻底与恶臭空气隔绝，不仅需要抽出空气，更重要的是要将经过过滤且谨慎检验后的空气注入议会大厦像一个生命体，拥有了呼吸系统来循环净化空气。

里德参与该建筑设计的时间比较早，因为他是以本杰明·霍斯为主席的特别委员会成员，负责构思最佳的议会厅通风与供暖模式。如果将空气看作食物，并且人类位于"巨大的空气海洋"底部，里德认为议会厅里的每个成员都需要上等的空气补给。里德认为，空气的质量会影响会议审议与决策。会议室就是一个理想的演说场所或机器，保罗·塔瓦雷斯做了更细致的解释，"空气就是一种媒介，不仅保证演讲者声音的传播，还为等候在一旁的聆听者提供充足的条件"。

随之而来的是对完全掌控会议室内空气细节的高度关注。里德认为会议厅的通风设备就像一个气动机械，能够快速反应并适应议会成员的不适。设备可以根据室

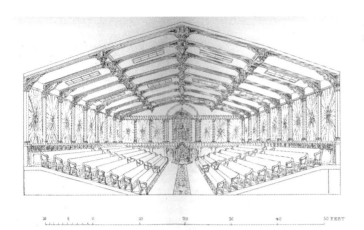

大卫·博斯威尔·里德为国会大厦设计的通风系统的图纸，1835 年

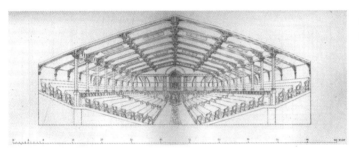

里德对下议院空气流通系统的设计，1834 年

内成员的习惯与感觉进行空气调整。地板上穿了几个小洞。在座次方面也有所调整，这样空气不会从其他成员的脚下经过，防止汗脚或在伦敦步行时鞋底沾染的污垢所带来的污染！他运用的原理就是"全面扩散"，意思就是局部的气流可能会被完全抑制，每个空间都能以最少的移动拥有相似分量的新鲜空气。

经检测，会议室内的空气和音响设计就好像是一台不合格的语音设备，会干扰谈话。室内的暖气会将下议院一边的声音折射到另一边，并且发音不清。声音会从旧宫庭院、长途汽车、出租车中传出，会根据风的方向从一个会议室传到另一个会议室里。在对会议室的布局、结构和通风进行重新设计时，里德的依据多是压力波，这种压力波会将会议室内成员的谈话扩散至另一个房间，并通过通风系统继续向外扩散。

里德对临时会议厅做出的规划似乎深受欢迎。他设计的空气系统达到了政治需要。苏德利爵士在上议院中表示，他的设计确实是"完整且完美的"，声学和通风系统委员会主席兼皇家人道协会（这个组织我们稍后再谈）创始人本杰明·霍斯先生告诉里德"你便利了公共事务，延长了公众的生命"。但里德并非事事顺心，他与建筑师查尔斯·巴里产生了严重的分歧甚至发展为法律纠纷，最终他被建筑项目组解雇，这也成了他参与新会议厅建设过程的转折点。他为临时会议厅做的设计也曾遭到过嘲讽。实际上，新议会大厦最终采用的通风系统与里德的设计不同，里德的设计是将建筑物与泰晤士河的有害空气隔绝开来，而最终采用的系统则是将集聚在建筑物内的有害空气排出。

里德最大的问题在于他执着于自己的"完美"原则，而这些原则在应用中却无法做到完美。他的控制措施似乎言过其实，流行的伦敦书评点评他为研究空气的空谈家、严格的掌控者，强制要实施自己的空气理念。

空气不再像以前一样是"有特权的浪子"，而是

空 气

要受到监视和监管。现在街道上任何飘荡着的恶臭大风或呼出物都会被负责通风的"警察""逮捕",并要在特定"监狱"内"做苦工",直到他们的恶习完全得到"改正"才会"放"他们出去……

从上到下,由内而外,前前后后,有害气体通过新鲜空气的"清洗"而变得柔软。里德博士设计的通用系统可以应对所有紧急情况,并且可以迎合所有需求,不存在前述方案中不能解决的缺陷或难点,这也是里德博士自我感觉最满意的地方。

里德发现了34种气体。他将书系统性地分为了序言、引言、索引和附录几部分。在30章、857段、330幅图表后,里德将空气和头发分开。

里德在美国定居后,他的设计理念得到了更广泛地接受,拥有通风设备不再是政治精英的特权,而是大众直接享受的福利。里德设计出的通风系统被看作可以治愈大众呼吸疾病的万能药,可以监视纽约和芝加哥等城市密集公寓的公共卫生新举措。在伊莉莎·哈里斯的设计基础上证明通风科学更加具体,也将应用于更大范围的城市中。这是对卫生系统与建筑通风系统方案发展的逻辑延伸。在英国,知名公共卫生工程师埃德温·查德威克与尼尔·阿诺特博士共同成立了一家纯净空气公司。他们想从城市的上空"抽取"较为纯净的空气释放到城市内的街道和大楼中去。通过精密的风扇和烟囱布局，重建的城市空气系统可以将新鲜空气注入受污染的街道。尽管通风系统得到了广泛支持，但最让批评里德的人感到担忧的是，他对城市空气采取的强迫性和控制性措施已经变成了比其想要让居民与恶臭空气隔绝更加令人心烦的事情。

无敌的烟熏消毒

他把点燃的雪茄烟头扔进了粉末状物质里，这些粉末就像火山一样开始冒烟，缓缓升起一圈圈的赤褐色浓烟。五秒钟内，房间里已经充斥着一股刺鼻的恶臭，这股恶臭会令人感到气管口被狠狠抓住后再被堵住。然后粉末状物质开始嘶嘶作响，迸发出蓝色和绿色的火花，不断冒出的烟雾令人视线模糊，无法呼吸。

这一幕就发生在西姆拉的总督府，房子内的人早已逃出现场，在楼下往外咳吸入的粉末。守卫冲进房间调查骚乱的起因，女士则尖叫着"着火啦"冲下楼去。烟雾仍在弥漫，"从窗户中蔓延到走廊，浓烟滚滚"，没人能靠近房子更无法进入 E.S. 梅利什展示他新产品"无敌烟熏消毒"的房间。在楼下弯着腰咳嗽的时候，总督笑着气喘吁吁地说道："太棒了！实在太棒了！你们都看到了，没有任何细菌可以生存！我发誓，这绝对是个伟大的发明！"

吉卜林在《山中的平凡故事》一书中描绘了印度西姆拉的山中避暑地。在这个故事中，一位细菌科学家向总督展示了他的发明，讽刺的是，这个发明在清除空气中有害细菌的同时也带来了新的烦恼。飘浮在空气中的粉末状物质使得整座邸宅中都无法居住，人也无法长时间停留。这种同样想与空气（主要是想与科学家演示过程中烟雾带来的细菌）隔绝的想法，说明避暑地在英国殖民计划的用途。也就是说，将英国统治政府所在地的空气和印度其余地区的空气以及印度人民分隔开来。

英国官员无法忍受印度的夏天。低地、海岸和平原的空气、炎热、灰尘和喧嚣都会令他们感到不适。他们思乡心切，于是在更高、更凉爽的山上开辟了一块和家乡气候相似的地方，比如马德拉斯政府的尼尔吉里斯、孟加拉国的大吉岭以及缅甸的眉谬小镇（又称彬乌伦）。这些山中避暑地都是夏季时殖民地官员的居住地，也是精英静修的地方。后来，他们也向国家中日益庞大的中产阶级提供避暑点。在一年的其余时间，殖民者很想念英国的高地、舒适的毛毯、原木燃起的火和气味、木匠店里散发出的锯材木的味道，还有某个晴朗的下午野餐时踩在松针上散发出的树脂香味，令人陶醉。

像大吉岭和乌塔卡蒙德等山中避暑地往往是肩负着研究与管理族群的使命。山中避暑地主要是用于保健、疗养和休闲，带有英国建筑的特色，像英国乡村庄园。这些地方凉爽葱郁，人烟稀少。这与低地形成的对比让人不禁发问："这还是印度吗？"至于对乌塔卡蒙德的评价，丁尼生一开始将其描述为"半英国式甜美空气"，后又赞颂其"印度平原上的英国岛屿氛围"。乌塔卡蒙德能够让人自由逃离。在对这块"其他地区"气候的重新描述中增加了安全与熟悉的特征。对于夏季的马德拉斯管辖区省会，利顿勋爵的评价是，"我敢肯定这儿一定会是天堂。虽然午后阴雨连绵，道路泥泞，但这是多么美丽的英国雨天，多么令人愉悦的英国泥土啊。"

人们在这里狂欢作乐，举办网球赛和化装舞会。当然，在这块世外桃源谈论得最多的是"严肃的丑闻"或"玩忽职守"等话题。这是一种政府意识，"在西姆拉高耸入云的山中和欢快的微风里，不会提及人类责难，更别说人类观察了"。就这样，殖民者与被殖民者之间的疏离感日益增强。

然而，并不是所有人都觉得印度的空气有问题。对日记的分析中发现，许多移民在返回英国后会感到单调乏味。因为在两种人形成了两种不同的认识。"在印度的生活就是我们的真实生活"，维拉·伯德伍德解释说，"在英国生活的这段时间十分奇怪，甚至可以说是非人化。我们很享受，呼吸着优越的英国空气，但真的是件十分无趣的事情"。在回访的时候，会感受到家乡和远方的空气形成鲜明对比。艾丽斯·波特尔解释道，"在那间

西姆拉总督府

高大乌黑的房子里，当她站在餐厅的窗前向外眺望落下
的雨时，她很想知道外面的世界为什么没有颜色。那里
的空气令人觉得沉闷阴郁、死气沉沉，但并不是天气意
义上的，而是一种氛围感"。

在去往山中避暑地的途中，都是有关封闭和中产阶
级舒适度的故事，这些故事在现代印度也屡见不鲜，旨
在寻求一种与被殖民者类似的逃离方式。印度中产阶级
的一位故事大王安妮塔·德赛到现在还有些怀念上山途
中铁路交通的颠簸与摇晃所带来的不便与些许不适。她
和吉卜林的感觉几乎一模一样。安妮塔和她的姐妹收拾

C.B. 杨，奈尼塔尔，
印度，1874 年，油画

好了行李，她们感受到"旅行热潮从嗓子里升起，直至
令人感到不适"，在她们前往旧火车站的途中需要穿越一
个油腻且令人窒息的集市，那里所有人都跑到了人行道
上，想要呼吸新鲜空气。她记得天花板上的电扇像苍蝇
一般嗡嗡作响，特别是以前有空调，它不仅能制造凉爽
的空气，还能保护人们不受煤烟和泥垢的困扰，使床具、
窗帘和地毯保持整洁。直至 1939 年，西姆拉市委注意
到，医生、教师、学生、房东和商人日渐增多。

　　然而，空气带来的烦恼不再表现为印度政府逃往山
中避暑地或中产阶级寻求解放。实际上，我们或许可以
注意到印度的新避暑地开始在城市出现，并且城市化的
特征越来越明显，像"安蒂拉"这样高档、独立的高层
街区就是用于保护富豪免受污染空气侵害的。当时被污

染的空气甚至被预估为国家的第五大杀手。与此同时，由于本地空气给人带来的困扰，城市中产阶级开始要求大规模的人口驱逐和替代合法化。

2000 年德里在推进审美与社会净化的环保议程中，政府关停了 98 000 个小型污染工业企业。这些小型污染工厂倒闭，引发了严重的暴动和社会动荡事件，这扰乱了德里所有的贫民区（这也被视为城市环境与社会问题的发源地），不断渗出的不明液体、排泄物，和持续堆积的工业污染物和生活垃圾对城市中产阶级的社会秩序构成了威胁。作坊、带有烟囱的工厂以及工业生产的废水需要从眼前移除而工人只能在那些富人看不到、听不到也嗅不到的地方生活。自那时起，德里开始了长达十年之久的贫民区清拆和缩减工作，并以妨碍为由，清除贫民区的人口或为其定罪。在逐渐演变的法律范畴中，贫

乌塔卡蒙德政府大厦，1909 年

孟买"安蒂拉"豪宅

民区的住所合法与否与其作为社会困扰的地位是密不可
分的。另外，这些住所里的居民都与对公共土地有使用
权的正当公民区分开来的，因为只有"不正当的"人才
会这样生活，这样污染城市。

　　还必须要说明一下贫民区空气带来的其他感受。从
那些被指控为社会困扰的正当居民角度而言，这是他们

很难改变的生活方式。拉菲纳加尔和孟买的卫生基础设施不能引起了贫民区的居民（尤其是正当居民）的憎恶，因为他们不得不生活在这样的环境里。研究发现，在厕所供应不足时，露天排便只能是唯一的选择，人们不得不在公共区域（比如公共厕所附近的道路、公园和荒地）做出排便等私密行为。关于从这种环境中逃离的叙述很常见，比如丹尼·博伊尔的电影《贫民窟的百万富翁》（2008 年）。电影中有这样一幕，男孩贾马尔从贫民窟被送往孟买摩天大楼的高处，在那里他和萨利姆看着眼前的景象沉思，呼吸着洁净的空气，他们指出了以前家所在的位置。

空气就是敌人

艺术和政治活动预测了隔绝推动力的失败，并且试图将其颠覆或推动其发展。1963 年 6 月 22 日，名为"RSG-6 破坏力"的展览在丹麦欧登塞的埃西画廊举办。展览地点曾是一批活动家在伯克郡雷丁外发现的地方政府核辐射避难所。避难所里浓缩的地下景观是社会出现病态过剩的标志，缺乏社会健康。他们试图通过再现那时的空气，继续曝光英国的核掩体政策。他们想通过模拟避难所营造具有表现力的震慑效果，有所不同的是模拟避难所拥有相同的"空气"，但也具备"发人深省的气氛"。画廊的第一个房间内有警报器、担架，还有几具模拟死尸。在第二个房间里，墙上挂着一些人物的照片。居伊·德波甚至建议把灯光调成柔和但令人不适的模式，并利用过量除臭剂达到令人难以呼吸的效果，两个穿着反核连体衣（包括兜帽和护目镜）的助手会让观众在这个地方停留 10 分钟。

美国城市问题评论家刘易斯·芒福德这样描述列夫·托尔斯泰的讽刺文学作品：现代的人"紧闭其房内的窗户，机械性地排出空气，然后利用更夸张的机械装置将空气重新抽回来，而非直接把窗户打开"。托尔斯泰可能也不会想到他的设想会变为现实。这一做法不仅用于对付城市内有传染性的有害空气，还是私人住宅和公共建筑建筑师和设计师的常用方法，甚至还运用在开阔地区。1925 年芒福德刊登在《调查》杂志上的漫画就描绘了这种做法。芒福德笔下的两个小人站在楼顶，仰望着纽约的天际线。"没错，"其中一个人说："这就是未来的城市！两百层高的摩天大楼！空气从城市中抽出，可供每立方厘米的空间日夜使用，简直是机械般的完美！"另一个人也欢呼道："太棒了！会有人住在那里吗？"

海市蜃楼

> 他终于停了下来：昏暗天空中的一团黑色物质，
>
> 塔与沉闷的天空融为一体
>
> 环绕在挤成一团的坟墓旁：
>
> 那些古老的墓地现变成了腐烂的地方
>
> 他自言自语，沉闷绝望，
>
> 费思就死在这里，被恐怖的空气毒害。

在詹姆斯·汤姆森的诗歌《恐怖之夜的城市》（1880年）中，将有毒的恐怖空气视如梦魇一般，将一切事物笼罩在厚重的遮篷之下。理智被暂停，人类几乎无法在此地居住。

当半梦半醒间，当我们在夜晚因活跃思绪、想象而辗转反侧时，会看到奇怪的景象。空气令人心烦。夜晚的空气过于闷热，冒着汗醒来，沮丧地躺下。汤姆森的诗歌呈现出一种阴郁氛围，诗中一位步行者被迫走进暗夜从疲倦的自我中寻求消遣。他的顺从令其感到疲惫，精疲力竭。失眠症患者的世界呈蓝灰色景象。他存在于破晓前延展出的时空里，褪色且单调，好像被清洗过一样。世界失去了活力。万物腐朽，步行者在思想中跋涉，在暗夜中穿行。空气笼罩着因疲惫而感到沮丧的灵魂，渴望沉醉在梦里，畅快酣睡。清晨的到来再次为世界蒙上绝望与严肃的色彩。不得不说，白天来得太快了。

耶鲁大学地理教授埃尔斯沃思·亨廷顿发现气候中潜藏着某些东西，这些东西决定了某个地方会出现较高的精神失常和心理健康问题病例。他于1995年出版的《文明与气候》一书中主张气候在人类社会进步中有非常高的地位，这一观点也在很多方面与希波克拉底的理论相契合。亨廷顿认为，天气的作用可以类比为一个骑手对待马的方式。与最恶劣的天气最相似的管理方式是骑手不停鞭打他的马，迫使它们一直以极限状态前进。马可能会在短时间内快速前进，但到最后会力竭。这与那种一直都催人上进的气候十分相似，在这种气候下神经衰弱变得普遍，精神失常也屡见不鲜。最好的方式就是骑手偶尔鞭笞小马，偶尔牵马步行，但首要的事情是用温柔的声音催促小马前进，然后轻轻拉动缰绳。这种方式有助于小马保存体力。与之相似的气候或许没有那么多方法来刺激人类，但不会令人感到筋疲力尽或神经紧张。

自杀成为气候状况破坏精神状态的严重后果之一后，亨廷顿将美国的自杀率与洲际的天气情况联系了起来。恶性案例一般出现在温度变化过于频繁的地区。他认为加利福尼亚的居民就好比被迫以极限状态前进的马，所以一些人过度疲劳、精神崩溃。亨廷顿表示，从海边吹来的浓雾带来了这种高度相似的刺激性氛围，加上阳光与温暖的天气导致加利福尼亚州的自杀率为美国最高。1922年，在圣地亚哥每10万人有47.8人自杀，萨克拉门托有37.9人，旧金山有30.4人。相较之下东部城市只有15人，差异显著。

亨廷顿的成果影响力不容忽视。1922年亨廷顿成为大气与人类委员会主席，并在工作过程中探索出了很多向最舒适方式靠拢的场地和技术。此委员会由一批有影响力的北美科学家、工业家和决策者组成，他们塑造了广泛出现的空调装置新技术的雏形，尤其是在南美地区，尽管当时还没有意识到对环境造成的影响。我们在前一章中看到的空调装置都是威利斯·开利的发明。开利于1906年获得了空气调节装置专利。这也是系列专利中第一个能够将控制空气带到专业工程师领域的专利，并能使内部环境有规律地冷却、除湿或加湿。1915年，开利与他人合资成立了开利工程公司，虽然空调发展缓慢，但最终在两次世界大战间广受电影院和百货公司欢迎，比如1926年芝加哥的赫德森。

空调可以大范围为创造出独立的冷气空间，令人产生舒适感。通过这些独立的冷气空间，我们或许还会发现空气的隔绝原理，还有从更多精神层面而言，它所产生的不利影响。

绿　洲

　　抖动的气流，在扩大，仿佛变成了骑着马的骑手。劳伦斯的导游跑着要去拿枪。啪！贝都因人谢里夫·阿里却已经在难以想象的距离外用步枪杀死了导游。导演大卫·里恩想要通过史诗般的电影《阿拉伯的劳伦斯》（1962年）中的这一经典场景击中观众的心，这一场景也是 T.E.劳伦斯和阿里的初次相遇。这也是电影最出名的片段之一。对劳伦斯而言海市蜃楼并不罕见，在文学作品中也是很常见的比喻。劳伦斯试图在自己的电影中捕捉海市蜃楼。他在日记中记下：1911年7月17日周一，海市蜃楼：试图拍一处池水，但最终失败：磨砂玻璃上什么东西也没出现。海市蜃楼将哈兰（位于土耳其安纳托利亚，现为小亚细亚）的一座塔发生变形，在他朝着塔前进的时候被拉长。这个塔以一种最奇特的方式上下摆动，有时从上到下抖动，有时左右摇摆，有时向前行屈膝礼。但在里恩的电影中，在海市蜃楼成为威胁和被枪声打破的宁静之前，它不过是第一处令人着迷的沙漠景观。

　　海市蜃楼是由于温度差异空气密度不同，光线发生了折射。劳伦斯看到的不过是由于沙漠的沙子过热加热了附近的空气，当更上方温度低密度较大的空气进入下层密度较小的空气时，发生折射，从而在沙漠上折射出

海市蜃楼

的天空景象。换句话说，景象是由于光不是直射到地面，而是以曲线路径折射。空气可以使事物出现在它们一般不会出现的地方，这是一个值得深究的话题。

美国南部历史学家罗伯特·阿瑟诺发现，若要从根本上重塑公共建筑、办公地点和住宅的空气，甚至重塑美国的人文地理，空调的作用必不可少。到了 1960 年，美国南部 20% 的家庭装有空调，1973 年，80% 的汽车装载了空调，装配空调几乎变成了一种合法权利。但是，空调的普及也大大改变了人口密度，因死亡率下降，更有趣的是，因为很多人经常往美国南部"阳光地带"旅游或移民，从 1930 年到 1980 年美国南部人口基数几乎翻了一番。《纽约时报》将 1970 年的人口普查戏称为"有空调的人口普查"，因为人们发现空调技术的影响力越来越大，能够在美国南部创造出宜人的舒适环境，即便是酷暑也不在话下。作家 F. 马卡姆的《国家气候与能源》一书帮助确定了新的象征边界，取代划分国家的"梅森—迪克森"分界线。气候与空气似乎可以确立文化轴心，同时也是限制国家进步的边界。

自从 1966 年发现了石油之后，波斯湾东南部的酋长国迪拜就成了新的沙漠蜃景。现如今迪拜成了全球金融服务业、房地产业和旅游业的中心之一。岛屿、封闭式社区和庞大的整体建筑拔地而起，比如竣工于 2000 年的哈利法塔。这栋耗资 41 亿美元的半空建筑更适合用于电影拍摄。迪拜最令人难以置信的还是其在恶劣的沙漠气候中创造出的能通过空气调节和冷却的大型气候生物圈。尽管位于沙漠，也未能阻止游泳池、购物中心和室内滑雪场的流行。这些之所以能够在迪拜存在，就是因为它成功控制空气，为室内的居民降温。一旦石油资源枯竭，或继续剥削返乡的外来劳动力，且游客持续流失，这座

迪拜滑雪场

城市就会变回沙漠中的"散沙"。

在消费广场之外，还有奇怪的军事基地。在波斯湾一些地区，驻扎着美国和其他国际部队。空调专家史丹·考克斯认为，军事化空气的转移和替代本身就是一种讽刺与疯狂——广阔环境中的冷空气被运输到最不可能存在的地方。如果真能这样做，也只可能是因为石油具有流动性。据考克斯所说，2008年大约85%的燃油被运输至伊拉克和阿富汗用于运转空调设备。这是沙漠里的另一处海市蜃楼吗？蜃景中还有唐恩都乐、汉堡王、体育中心、百货公司、必胜客、星巴克、巴斯金-罗宾斯冰激凌和小型高尔夫球场、足球场、赫兹租车公司、网吧和游泳池？这些小城市中有美国随处可见的设施，也有与美国同样的空气。考克斯更细致地发现，这些军事基地的空气仿佛将美国带到了沙漠里，比萨的香味让士兵想起家乡的味道。

2010 年巴斯营地的必胜客

疯 狂

在阿维德·阿迪加处女作《白虎》(2008 年)的主人公巴尔拉姆看来，他在德里大街上开的这辆封闭式空调车就是中产阶级摆脱贫穷的例证。城市空气一般都有过滤处理，那些不想接触污染物的民众大多数会戴上口罩。空气污染实在太严重了，他解释道，"简直会让人折寿十年"，但也不是所有人都要呼吸这种空气，比如巴尔拉姆的老板，还有他自己。"我们呼吸的空气舒适、凉爽、干净，还有空调可用"。空调公寓，尤其是车载空调似乎成了现代印度的代表。在巴尔拉姆看来，很多汽车就好像黑色的蛋，彩色的车身上带有染色的窗户，穿梭在德里的街头。他所描绘的封闭式空调车有可能出现在圣保罗、拉各斯或墨西哥城，这几座城市的汽车使用量暴涨。或者，它们与南方的许多大城市有难以想象的堵车情况和空气污染问题，导致杂乱分布的城市人口密集区出现大量有呼吸疾病的居民，并需要按照空气质量指标进行定期疏通。甚至连空气质量原本较好的城市最近能看到蔚蓝天空的机会也变少了。由于空气污染状况不断恶化并且高出正常指数很多，政府必须要采取更全面的空气质量管理措施。

阿迪加笔下的德里，有着冷气的舒适汽车能让人将空气带来的烦恼忘却。这些"蛋"有时也会裂开一条缝

德里街道上空气中所
含颗粒物浓度

隙，从缝隙中伸出一只女人的手，手腕上的金手镯闪闪
发光。但并未持续多久缝隙关上了，这颗黑色的蛋再次
从热浪中解脱。

　　或许通过汽车就可以清晰地看出大城市内支离破碎
的生活状态。受控制的环境保护一些人不受废气、汽油
和烟草烟雾的污染，在这之下隐藏的是被收买的腐败官
员，还有仅有昏暗光线的阴沉世界，那里生活着无数渺
小、单薄、满是污垢的人。"我们就像生活在不同的城市
里"，巴尔拉姆说："有人生活在黑色的'蛋'内，有人
只能生活在其外。"马恒达汽车公司（M&M）令人向往
的四驱车型 Bolero 或许是巴尔拉姆的最高评价。这个车
型看起来坚实且不凡。又或许塔塔公司的 Nano 车型更合
适，这个车型就像一颗小鸡蛋，售价不到 2 000 美元。这
些车型的出现表明个性化改良后的汽车有占领道路和公

共领域的趋势。染色的车窗和密封的空间甚至成为社会
地位的象征。而巴尔拉姆之所以选择检查轮胎时在车外
杀了他的老板，是因为车内的空间、塑料配件、尼龙座
椅垫和车内的空气如此令人向往和珍视。

　　毒辣、炎热的天气也是令巴尔拉姆盛怒的因素之
一，但真正令他选择谋杀老板的原因是社会地位的不平
等。20世纪80年代的曼哈顿金融服务大楼高得荒唐，消
费资本极度过剩，超级富裕的雅皮士们过着平庸的生活，
住在有空调的公寓和办公大楼里。正如大卫·吉森所说
的，这些就是城市人造空气的新特性。在布莱特·伊斯
顿·埃利斯的小说（1991年）中，帕特里克·贝特曼既
是疯狂的人，也是纽约银行家，空调散发出的干净且干
燥的空气仿佛在嘲讽他一般。在"谋杀与处死"（不是
"合并和收购"）其他人的行当中，贝特曼犹如魔鬼，但
还有些可怜。他对休伊·路易斯、《新闻报》杂志和80
年代其他音乐偶像的抨击，在几乎没有轻浮感和责任感
的社会中体现出了真正的距离感。或许最悲惨可怜的场
景就是贝特曼在耶鲁俱乐部潜入男厕所，准备勒死路易
斯·卡拉瑟斯。

　　　　我粗重的喘息淹没了其他声音，视线有些模糊，
　　　我将双手移到他山羊绒夹克和棉绒衬衫的领口上方，
　　　绕着他的脖子，直到双手拇指在他后脖颈相对，食
　　　指在路易斯的喉结相交。

贝特曼逐渐体力不支。路易斯也窒息而死。他尝试着用更大力气压制路易斯的呼吸，想象着他的气管变形、粉碎，但是现在他自己的呼吸也变得衰弱。自下而上分离的昙花一现般的世界，封装盒一般的公寓与电梯（或称为"临时的空中城堡"）在触摸到厕所隔间的那一刻化为乌有。所有的障碍物都消失不见，贝特曼不能杀人，也无法呼吸。

贝特曼或许是对其他作品人物的夸大呈现，比如汤姆·沃尔夫的《虚荣的篝火》（1987 年）。而这种生活在垂直且有空调的社会的人，乔纳森·拉班在《寻找伤心先生》（1991 年）一书中称为曼哈顿的空中人群。几年间先后写成并出版的《虚荣的篝火》和《寻找伤心先生》都是批判某种特定空气的绝佳作品。所谓的"空中人群"就是社会上平平无奇的华尔街工作者，住在高层且枯燥的大楼里，并将埃尔文·布鲁克斯·怀特隔绝和通风的都市理念贯彻到底。沃尔夫笔下的谢尔曼则认为大气隔绝是主要原则，而非坐上那列令怀特与知名演员相遇的地铁。"这是车票"，"隔离"，谢尔曼意识到。他的父亲告诉他，"你必须隔离、隔离再隔离"。在高处生活是需要防备的，古老的曼哈顿街道和广场就依赖着分裂的安全和监控系统进行防备，每个居住者都是"飘浮在没有法律的城市废墟上方的热气球驾驶员"。

在贝特曼进行着杀人幻想的时候，拉班意识到完全脱离地面的公园、大道、公寓没有任何意义。拉班内心的想法与贝特曼危险的想法相似，但是他并没想着杀人。他反而选择对近期的新闻报道做出回应，而且和贝特曼一样，似乎也没有其他人注意到他。这种字面意义上金融和社会新精英的垂直存在将他们与现实生活中的琐事隔绝开来，现实生活中的事物疯狂变动，越来越远，逐渐不再被脐带般连接在一起的电梯联系。

> 我们穿梭在天空中，空气寒冷刺骨，眼前一片完美的明亮、靛蓝景色。你远在云顶。你在我们的眼中甚至不如一个小点，老兄。

小说中明显的保护气氛，甚至是庇护所，模仿了现实中受控制的城市生活，为了保护无价之宝和文化手工艺品，曼哈顿中越来越多地方的空间都被人工控制。吉森仔细观察了丹铎神庙，这个神庙从尼罗河岸迁移至美国大都会博物馆，是一座专门建造的杰出水文控制建筑，于 1978 年开放。神庙内部的空间不受外部动荡与污染的困扰。美国杀人狂也认为外面的空气不健康，人行道充斥着尸体散发出的腐烂与恶臭味道。大风穿梭在城市用水泥与石头建成的"峡谷"，"峡谷"弥漫着燃烧板栗混合汽车尾气的味道。他意识到自己内心空无一物。这个世界只有规则，只有他所苛求的完美，在众多健身、健康和面部护理中寻求日常完美的外表，在"空中人群"

的马球毛衫和其他设计师品牌的制服中体现完美品味。他的内心一片空白，像一个火山口有着纯净抽象的景象。在《虚荣的篝火》中，谢尔曼的故事里有一段冒险情节。当他的不轨行为被公之于众时，他用堕落证明其出现了"龋洞"。他不再能将好奇的公众拒之门外了。想要从这些入侵者中解脱，死亡是他唯一的选择，"只有像彻底拒绝呼吸一样，他才能将他们拒之门外"。

酷刑（我身边的战时空气）

　　贝特曼表现出的疯狂行为并非个例，但大多与空气特定的共享性或私密性有关，这与其有害或体液联系稍有不同。在哲学家尼采看来，空气中有着不得不忍受的他者。他难以自控地探索，嗅着内心深处的另一面和每个灵魂的"内脏"。正如贝特曼和格雷诺耶（他没有嗅到），只有孤独才能平息他们的强烈反应，"找回自我，呼吸自由、愉快、有趣的空气……直到孤独……直到纯净"。

　　在空气与疯狂行为的关联中，似乎空气永远不够两个人一起呼吸，尤其是在战争中。在第一次世界大战期间，西方战场伤痕累累，埃里希·玛利亚·雷马克的经典小说《西线无战事》(1929 年)讲述了一个前往苏联的德国士兵保罗，他在壕沟中躲避炮弹和机枪扫射。在他准备离开时，有一个人（据他推断可能是敌人）落在了他身上。保罗用随身携带的刀疯狂刺向这具尸体，直到他瘫软。保罗的手上沾满了鲜血和污泥。

如果空气深不可测，那么我们制造出的天气会转而对抗我们吗？在战争史上，空调的冷气俨然成了一种常用的酷刑。在对俘虏、造反者和拘留囚犯严刑逼供和（有可能）拷问有价值的信息时，这种手段至关重要。"冷冻审讯室"是美国中央情报局常用的手段之一，即将被审训者扔在一般由风扇或空调设备制造出的冷空气中。对于反恐行动中被拘捕的罪犯而言，"空气就是他们的敌人"。这种由空调"操控的环境"在酷刑中算不上什么，这也是美国军队SERE（生存、躲避、抵抗、逃脱）特种训练的核心部分，只不过现在这些方法全部用于对付囚犯罢了。

滥用空调似乎很容易导致低体温症，这与纳粹党在达豪等集中营进行的过低体温医学实验有很大的历史相似性，但二者的目的完全不同。人们不仅将冷空气作为酷刑，同样也使用高温。曾经有一位官员报告说空调已关闭，室内温度极高。囚犯极度痛苦，开始揪除自己的头发。令人窒息的热气也是酷刑和虐待囚犯的常见手段之一。这源于殖民战争时期，将金属烘干箱放置在太阳下创造出难以忍受的炎热局部空间，令人感到不适。

空气作为酷刑手段甚至会被用于处死囚犯，热空气和缺氧环境也被用于虐待囚犯，剥夺他们的人权，蔑视战争法则，践踏囚犯的人格尊严。

单调性

据亨廷顿所说，"单一"的空气下环境会变得死气沉沉，反之也会导致各种各样的缺点，这些缺点在一些专家关于热带地区空气和气候特点的资料中有所提及。普遍认为，高且统一的湿度和温度会让人们"不清醒、不道德、愤怒和懒惰"。热带地区甚至包括加勒比海区的殖民地前哨，还有1766年威廉姆·希拉里写到的巴巴多斯都是疾病肆虐之地，因为这些地区不讲究文明礼仪。同样的道理也适用于空调的影响。罗伯特·阿瑟诺批判了通过冷却空气转变美国南部气候的做法，这不仅彻底消除了空气之间的差异性，也消除了与之相关的不同文化。空调改变了美国南部地区漫长炎热夏季的周期性，以至于"南部地区不再像南部地区"，阿瑟诺解释说。走廊不需要荫凉，下午也没必要午睡，商场及室内环境使得温度均匀化。

空调取代了人体通过排汗调节温度的机能，也取代了很多传统且低耗能的降温方法。比如被动式降温和自然通风等沿用了成百上千年的传统手段，而这些方式大多出现在波斯建筑中，比如伊朗的通风塔。亚兹德这个城市以多莱特阿巴德的八边形集风口闻名于世，人们一般称其为通风塔之城。甚至在迪拜几千米之外的地方也会设置通风塔。

亚兹德的一个风塔

　　那么我们对极冷或极热环境的适应程度如何呢？建筑师丽萨·赫崇的经典著作《热度的愉悦》（1979年）是首次提出这些问题的专题著作之一。或许部分问题在于空调的温度标准没有很好地考虑到人类对气候的差异性和适应性，或者我们实际上很享受温度的多样性，比如有人喜欢蒸桑拿，而有的人认为处于寒冷的环境中能带来愉悦感。在此之前我们提到过，印度大规模增长的高楼大厦似乎都喜欢西方建筑的一致性，乐于传播美国供暖、制冷和空调工程师协会（简称"ASHRAE"，成立于1894年）定下的主导性国际标准。所谓的舒适标准由来已久，源自之前提到的工厂工人的研究，20世纪30年代伦敦卫生与热带医学院的 T. 贝德福德提出的"热度舒适区"概念，以及此后奥利·范格研发的"热量平衡"模型。热度舒适区设有一定的标准，尤其是对现代办公建筑设计而言，达标可以刺激生产力，比如由密斯·凡·德·罗 1958 年在纽约设计的国际式西格拉姆大厦。另外，劳合社保险人组织的伦敦新式空调承销房于 1952 年开始建造，能够容纳近 1 250 人。

> 房内的承保人
>
> 感受到的舒适像一种福气，
>
> 他们的新陈代谢速率
>
> 在以微妙且不同寻常的方式被测量。

身体通过皮肤汗水蒸发而降温的过程（潜能转化为蒸发掉的蒸汽）因家中、工作场所和公共场合的空调而被替代。这或许会使部分人因过于适应这种环境而无法在其他地方生存，也无法忍受我们身体自然降温的感觉。之前人们所说的"马匹挥汗淋漓，男人汗流浃背，女人面露红晕"现在越来越不可能实现，因为我们根本无法像过去一样忍受出汗的感觉。这"剥夺我们人类产生气味和湿气"的权利。对新加坡年轻人的调查显示，有些人甚至将身体排汗看作一种污染。正如之前将空气与气味联系起来一样，在如今的文化中，身体上出现汗水会被看作"不合适"的存在。

技术研究表明，许多地方的主导性舒适标准并不能反映当地的"气候和文化环境"。印度的新建筑沿用了 ASHRAE 标准，导致 1995 年至 2005 年间高楼大厦中的

伯恩德诺特·斯米尔德,《澡堂雨云系列2》,2012年,太阿棒印刷

空调耗能占印度总耗能的 46%。对热度舒适的研究显示,处在温带气候、寒带气候和热带气候的人的舒适期待值大有不同。我们或许会想问空调实际上是如何调节空气从而创造出单一环境来的。正如我们在美国南部地区的例子中所见,空气调节在能源生产、生活习惯和生活方式中产生的影响相似,对本土环境造成了潜在的破坏。换句话说,热单一性很可能会净化根深蒂固的文化上与众不同的生活方式,对该地区气候和文化方面带来破坏。

在未来最重要的是能够适应环境,或者是寄托信仰。正如赫崇所说,并不是单一的环境令人不适,而是这些环境无法令我们感受到一丝生机。事实上,只有忘记被精心操控的环境(比如湿度、风速、空气温度和光线)才能实现有生机的环境。荷兰艺术家伯恩德诺特·斯米尔德 2010 年至 2012 年间创作的《"雨云"》系列之室内云

朵》这一作品让无数人惊叹、喜悦。他的云只能存在于云朵彻底消失前拍下的照片中，但是这些云朵呈现了空气的可变性、生机感和意外性。这让人觉得，能看到一缕缕放射状的云实属福气，运气不好就只能在艺术馆中看到一朵雨云。

尘归尘

如果世上真的有，那么死亡一定是这种味道。

先有灰尘

在巴拉德的小说《八面来风》中，主人公唐纳德·梅特兰因空中有大量火山灰被迫滞留在机场。在等待了泛美世界航空飞往蒙特利尔的航班48小时后，梅特兰不得不再次回到伦敦机场，因为三天内飞机都无法起飞。航站楼挤满了成千上万名排队等候的乘客。与巴拉德后面对机场的赞颂不同，他那些有关自由、世界主义及可能性的姿态只有在他的第一部小说中才会存在。因为这阵致命的风，生活受阻，机会消失，乘客简直失去希望。梅特兰后来发现，所有已经出发的班机都"无限期停运"了。

2010年，另一起灰尘（确切来说是灰烬微粒）事件令几乎所有横跨大西洋飞往欧洲的航班停运一周多。此次航空中断是由于冰岛埃亚菲亚德拉火山爆发，空中

埃亚菲亚德拉火山烟
灰云，2010 年

的火山灰（火山碎屑微粒）集聚在欧洲领空，造成了
"9·11"事件以来最大规模的全球航空交通停运。之前
航空指南显示空中火山灰浓度为零，后更正为每立方米
4 毫克。巴拉德所在的伦敦几乎无法忽视这一事件，因
为旋风夹杂着物质为一切蒙上了灰尘。大风吹关了窗户，
甚至淹没了最隐蔽的海滨城镇。相比较之下，冰岛的航
空事件显得更难以捉摸。莉莉·福特开始留意这一讽刺
事件，因为火山名字难念几乎无人提起，而火山灰大部
分是看不到的。

这些航空事件或许还带来了"一线生机"。随着天空
越发平静甚至是干净，联合国环境规划署（UNEP）发现
这些事件避免了使用飞机燃料排出的每日约 344×106 千
克二氧化碳排放量，而火山每日排放近 150×106 千克二

氧化碳。英国桂冠诗人卡罗尔·安·达菲完美地形容了被破坏的计划、搁置的假期、严重的缺席和暂缓的职责。达菲问道，我们是否可以在远离国际航空公司的时候找到片刻的安宁，去聆听平时被飞机声淹没的鸟鸣？

介　质

在瓦尔·吉尔古德和霍尔特·马维尔合著的小说《广播大厦谋杀事件》中，主角之一广播公司前制作总监兼话剧总监在广播剧播出期间被勒死。正如标题所示，这场谋杀发生在英国波特兰广场广播大厦，这栋大厦是空调大楼，配备有美国开利公司安装的高级系统。广播大厦实现了通过无线以太传播声音与信息，是"大英帝国音乐生活"的中心。

在吉尔古德和马维尔的小说中，现场谋杀事件通过无线设备把广播大厦的内部情况传播给了炉边的听众，回荡在每个居民的家中。任何地方都有可能发生谋杀事件，而在小说中深刻探讨的是广播大厦内彻底与外部空气、环境和声音隔绝。内部的封闭空间就像是有空气的棺材。开利的解释是"完美的环境造就完美的广播"。

整栋大楼就是一座灯塔，光芒可以穿破黑暗。广播大厦的天线直插云霄，似乎要将现实世界与虚幻世界相连接，蒙上了一层彩秘色彩。

在小说中，这栋广播大厦弥漫着彩秘之感。操作间、房间和隔间带有一种潜在的凶险神秘，内部情况人们都可以听到。大厦利用科技手段看起来似乎有自带的原动力。工作室的明亮灯光之下，影子被拉得很长，角落里藏着无数不可告人的秘密。隔音装潢带来的寂静，令房间内的一切都看起来无比怪异。

在远处的角落中，几乎就在麦克风架正下方，一个人的身躯不自然地蜷作一团……而在他们三个人身后的门自动关闭了。7c 是一间经过消音处理的工作室，消除了所有天然回声，那一刻，房内的单罩灯、厚地毯和怪异的衬垫墙都令罗德尼·弗莱明内心十分压抑甚至是有不祥的预感。通风虽然一切正常，但他还是很不正常地想要大口呼吸。

广播室在处理空气的问题上出现了意见分歧。在吉尔古德和马维尔的小说中，利用技术控制空气呈现出的是一种几近压迫的氛围。而对于关注技术成果的人来说，这栋建筑令人震惊的地方就在于能够操控空气的超凡技术。

广播大厦像是一座城堡。内部结构是一个单一独立的混凝土通风井，在高楼中辟出独立隔开的房间和工作室，彼此互相隔绝以保证录音过程中没有任何声音或空气互相干扰。这栋建筑由中校 G. 瓦尔·迈尔设计，竣工于 1932 年，室内没有任何采光井，所有房间都不得不依赖人工打光和通风。赫尔曼·克莱因的《留声机与歌手》一书中曾表示，控制声音和空气的技术十分不可思议，室内寂静得很压抑，在自然的环境中没法营造出这种感觉，自然空气会使所有人都感到放松愉悦。这些工作室被想象成有空气流通的围栏，用于囚禁罪犯。独立的工作室同样也会积聚由工作者和用于照明的热射灯产生的热量。因此开利不得不准备充足的新鲜空气，以维持最适宜的温度和湿度，同时也需要避免将一个工作室内的声音传另一个室内，因为设备运转必须安静。

开利安装的 32 个风扇每小时处理 614 吨空气。16 个水泵加上 54 个电机共制造 504 马力，从主控室到其余房间共装有 60 个独立自动控制器，并由 120 多吨的钢铁管道连接在一起。气流调节器、避雷器、过滤器、抗震材料、泵、风扇、喷雾器和制冷设备等设备用于制造出可以自动控制的"可调节空气"。

后来凤凰影业于 1934 年对吉尔古德的这部小说进行了翻拍，由雷金纳德·德纳姆执导，吉尔古德就饰演制片人朱利安·凯尔德。在电影的开头我们可以看到凯尔德跟悉尼·帕森斯（最终的被害人）说他真的需要"营造更多氛围感"。

伴随着管弦乐和无线广播信号与图片的"嘟"声混在一起的声音，我们在这些场景中产生了一种伴生感觉，即信息的混合。广播大厦专门隔开了空气，但同时也分离与提炼了观众和机器的优质氛围与声音，正是这些才能营造出那种令人不安的神秘感。从无线电波到空调系统，再到男人被掐死的声音，不同的空气介质似乎非常不自然地堆积在了一起。

复　苏

　　1795 年 10 月，玛丽闷闷不乐地从伦敦普特尼桥回来。这是她第一次去巴特西，但是周围人太多了。玛丽便前往上游地区，在夜幕降临时到达了普特尼。雨水将她打湿，衣物紧紧地贴在身体上。独自坐了半小时后，她最终决定跳河自杀。

　　作家玛莉·沃斯通克拉夫特留下了几句话，希望自己不会因为是"从鬼门关拉回来"而受到侮辱。在她与吉尔伯特·伊姆利关系破裂后，玛莉感到绝望孤独，备受打击的她最终选择结束自己的生命。但是玛莉并没有直接下沉或溺死，而是被晚礼服裹住，失去浮力，感到窒息。她后来的丈夫也就是回忆录的作者威廉·戈德温认定这是"绝望的玛莉做出的异常行为"。在河上泛舟的人很快救起了她，并把她拖上船。玛莉最终被皇家人道协会推广的急救术救活了。然而，在玛莉看来，这并不能算是什么善举，因为再一次将她残忍地拉回了生活与苦痛之中。

　　皇家人道协会成立于 18 世纪，主要救治溺水者或生命机能暂时中止的人。协会成员思考过如何救活他们：为什么不试试天赐的生命之礼——呼吸呢？这些想法其实并不新奇。1767 年，荷兰一个协会派发了一本关于急救措施的记事录，希望在遇到各种意外时，尤其是溺水，能够挽救人们的生命。这本记事录在其他国家引起了人们的极大兴趣。急救措施包括往肺里充气，干燥与温暖身体，摩擦皮肤和向鼻孔中输入空气和气味。皇家人道

R. 波拉德，《用船运送溺水者上岸》，1787 年，雕刻版画

R. 波拉德，《救助站被救活的人》，1787年，雕刻版画

协会经过审慎考虑后进一步宣传这些措施，并将其编制成册，出版了第一批此类急救手册，就是这本手册救了玛莉的命。皇家人道协会一开始被称为"为明显溺水者提供紧急救援协会"，成立于 1774 年。空气作为生命元气，既是问题，也是方法，但是对于将生命从鬼门关拉回来这件事始终不是那么轻易就可以摆脱黑暗言论的。

哲学家和医生在此之前就尝试过通过解剖或利用其他方法复活动物，比如气管切开术、插管法和换气法。罗马医生盖伦的《呼吸的原因》一文在很多方面开了先河，尽管他认为原因是空气冷却与散掉了心脏的关键热量。佛兰德斯解剖学家维萨里首次记录了 1543 年，他将管子插入动物的喉咙里，并往里轻轻吹气。1783 年，M. 德·波伊托建议在人工呼吸中使用气管切开术，通过管子重新使肺部充满空气。关于嘴对嘴或"生命之吻"的方式是否比使用风箱有优势的讨论甚嚣尘上。持异议者认为，嘴对嘴会玷污对方的身体，皇家人道协会也于 1812 年暂停使用这种方式，他们认为呼吸不过是烧火时烟囱排出的废气而已。但事实上，嘴对嘴的送气方式确实比其他方式更适宜。尽管存在争议，协会的急救建议还是流传开来，它还会对使用这种方法的人颁发奖章。1806 年，沙皇亚历山大一世就被授予了一枚奖章，因为他拯救了一个在内里斯河溺水的年轻人，1882 年布拉姆·斯托克获得了奖章，因为他拯命了一个跳泰晤士河自杀的人的生命。

关于急救法的理论范围广且种类众多，但无论哪种方法最终依赖的都是空气对于身体生命活动的重要作用。约克夏郡的医生约翰·福瑟吉尔认为人的肺部如同钟摆，随时随地都可以通过人类行为的刺激开始运作，这些都是为了恢复整体结构，重启身体器官。从这种想法来看，身体的火花就如同机器的原动力，正如16世纪的安德烈·维萨里写的7卷人体解剖书籍所提及的那样。皇家人道协会探索更机械、更实用的治疗方法就是为了清除与这些措施相关的恐怖联想。正如1821年本杰明·霍斯在皇家人道协会成立47周年的演讲中所说，这些活动应被看作是科学实验。实验的目的不在于起死回生，而是把濒临死亡的人从鬼门关拉回来。他们强调假死状态，就是为了摆脱那些与之有关的非自然起死回生术的说法。

皇家人道协会仅在伦敦就设有400个接收点，每个站点都依据急救原则建造，并且配备了急救科技和技术装置以及冰船和梯子。每个人都能进行人工呼吸。急救技术潜能已经成了社群、像皇家人道协会这样的组织以及其他愿意掌握这种方法的人的财产，对空气和生命的研究不再是科学、医学甚至是宗教的专业技术。皇家人道协会认为，人工呼吸百利而无一害。

有利的天气对急救术有所帮助，甚至有些有利环境是人为制造出来的。开阔的环境一般是最佳的治疗地点。接收点的设计通常会有利于恢复体温，还配备了大量救生设备。螺旋形大楼的急救房间内设有两条主管道进行

W.I. 比克内尔,《海德公园蛇形湖附近的救助站》1850 年, 雕刻版画

中央供暖, 使室内保持恒温, 且没有烟雾。如果有人溺水, 需要把人先放在浴缸里, 如果可以的话, 再把对方放在有铜皮的床上灌上热水来帮助身体回暖。若有需要, 还可以使用原电池组和人工呼吸器。

尽管皇家人道协会做出了很多努力, 可是到了 19 世纪中期, 人工复苏术依旧被认为是怪异、恐怖的存在。新生儿复苏措施在别人看来既古怪又可怕, 用舒尔茨的方法上下摇晃刚出生的婴儿, 按压胸脯, 抬起再放下胳膊, 有节奏地拖拉舌头, 在胸脯、嘴巴或喉咙附近挠痒, "喊叫、摇晃" 甚至 "用乌鸦的嘴扩大直肠"。

皇家尽管人道协会的技术和想法使很多濒死之人得救, 甚至有望恢复健康之躯, 但在大多数的画像和故事中, 还是呈现出与《悲叹之桥》相关的理念, 比如英国

萨维尼,《用于救治濒
死者的工具》,1788 年,
雕刻版画

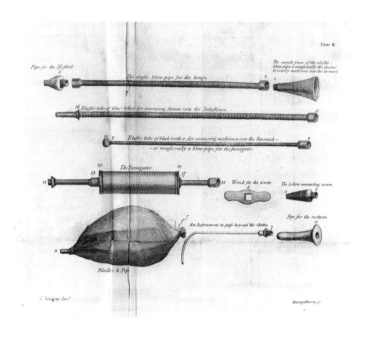

画家沃茨的名画《溺死者》(创作于约 1840 年至 1850 年)
中就没有呈现出任何的急救措施。这很令人吃惊,因为
当时皇家人道协会的救生手册和建议已经广为流传。

　　玛莉·沃斯通克拉夫曾两次自杀未遂,尽管她没
再选择溺水的死法。最终于 1797 年在分娩她的女儿玛
莉·雪莱时难产去世。在玛莉·雪莱最著名的小说《弗
兰肯斯坦》中,复苏术和普罗米修斯的传说都有谈到,
她的创作被赋予了生命。弗兰肯斯坦自己就是被温暖拯
救回来的。同样的,玛莉的生活似乎也总是在被自杀和
被救中磕绊前进。她的丈夫珀西·比希·雪莱的第一任
妻子哈莉特 1816 年跳蛇形湖自杀。她跳湖前穿过一家
旅馆,旅馆背面的木门朝向海德公园,里面有一条小路

通往蛇形湖。有意思的是这也是在蛇形湖中溺水的人被送入旅馆的通道，是皇家人道协会在海德公园南面设置的第二个接收点。因此，哈莉特很快被送到接收点接受救治。

人工呼吸得到一致认可仍需时日。奥地利医生彼得·沙法和呼吸系统研究员詹姆斯·伊拉姆继续进行复苏技术的研究，他们的方法在 1958 年被美国国家科学院采纳，并出版了许多与急救相关的手册，使其急救方法广为流传。沙法和伊拉姆后来和挪威玩具制造商阿斯蒙德·拉达尔合作开发了心肺复苏术训练假人安妮，来模仿人类的呼吸系统。这种假人娃娃至今都还在急救指导和训练中使用。

空气与战争

正如我们所见，战争不仅与空气有关，也有可能发生在空中。第二次世界大战后期英国作家们意识到本国人民的生活环境正在恶化。麦克斯·诺尔道在《堕落》一书中写到，吸入的空气里充斥着腐烂的味道。战争令英国出现了新的文学作品，描述了恶劣的发展趋势以及一些地方的消逝。对军工厂哥特式的描写，比如奇怪的强光，没有窗户的工作条件或密封式无通风的工作环境等多方面构筑了工厂里的"地狱"。除此之外，战地画家格雷厄姆·萨瑟兰在画作《启用高炉》（1941—1942年）中再现了铸造厂洞穴式的工作环境。那里看起来更像是恶龙的巢穴，而它的嗓子里可以喷出火焰和烟雾。这就是充满热气和火焰、高温和强光的地狱。在这种环境下，社会似乎回归到了野蛮状态，显得怪异无比，甚至有些恐怖。萨瑟兰描绘的铸造厂和矿井除噼啪声外便是一片黑暗。光线模糊不清，呈绿色，几近白色。战场的空气似乎进一步将工人推向了死亡的边缘。

如何容忍这些更多通过哥特式而非浪漫主义情感传达的战地氛围？30年前，《战争的悲哀》（1994年）一书中，越南南部北宁省的战士坚认为，死亡意味着身体会液态化并蒸发。所有逝去的灵魂环绕在他的世界里，他的战友和陌生人，都与他和他的思想同生，"咽下最后一口气后，他们的灵魂也会得到释放……变成飘浮在他身边的一处黑影"。"橙色剂"化合物通常会以细细的粉末状形式洒向丛林，令其冠层凋落。

对坚而言，那些逝去的人会如同氧气般融入他的血液，继续在他的身体里生存。那些萦绕在他身边的画面和感觉总会勾起他的回忆。而他释放内心想法与经历的方式就是写作。坚记得直升机突袭的场景，"直升机的螺旋桨嗡嗡作响，令人胆寒"。那声音与袭击场面分离开来，直到画面消散，坚才发现是他公寓里的吊扇在嗡嗡作响。这时他的记忆和推测似乎形成了自己的氛围，占据房间内的空气，"过去的画面在现在看来还是那样震慑人心"。他房间的吊扇仍在刺耳地摇晃，好似直升机还在继续轰炸行动。

坚和他的女友芳被捕后，美国飞机上扔下的闪光凝固汽油弹令一切陷入了动荡与混乱之中。大风在湖面卷起层层浪花，导致无法在湖边驻扎。毯子、毛巾、衣架都卷入袭击中。空气像玻璃一样裂开，地面"将它们举起，又再扔到地上"。另一场突袭的冲击波仿佛拳头打在脸上。坚握住女友的手，十指相扣。在坚的描述中，这离奇的战争场景最终像泄气一般结束，掌控一切的力量消失。芳对着士兵唱了一首歌，回应了鲍勃·迪伦，这或许是弗朗西斯·福特·科波拉执导的电影《现代启示录》（1979 年）中的一幕。

阿斯蒙德·拉达尔用
假人进行救生演练

致　谢

　　为完成这本书我筹备了很久。我非常感谢初中与高中的地理和科学老师，尤其是迪布登女士和鲍威尔夫妇，在我早期对围绕我们的大气和周围气体感兴趣时，给予我莫大的支持。

　　对于一本短篇作品，这是一项相当艰巨的任务，我很感谢 Reaktion（瑞科图书）的丹尼尔·艾伦、迈克尔·利曼和罗伯特·威廉姆斯耐心地鼓励我完成本书。我希望《空气》这本书可以成为一个范例，证明良好的批评影响深远。

　　同事和朋友们一如既往地给予了我极大的支持，而且这本书是在我从基尔大学转到皇家霍洛威学院后完成的。特别要感谢克劳斯·多兹，他在最后一刻通读了终稿。非常感谢彼得·奈特，与我一起讨论我们的第一个想法——我期待着《冰川》这本书！感谢本·安德森、奥利弗·贝尔彻、瑞秋·科尔斯、马丁·考沃德、菲尔·克朗、蒂姆·克雷斯韦尔、史蒂夫·格雷厄姆、德里克·格雷戈里、哈丽特·霍金斯、克莱尔·霍尔兹沃思、卡伦·卡普兰、彼得·克拉夫特、德里克·麦科马克、克雷格·马丁、达米安·马森、帕特里克·墨菲、金·彼得斯、阿拉斯代尔·平克顿、佐伊·罗宾孙、保罗·辛普森、瑞秋·斯奎尔、菲尔·斯坦伯格、保罗·塔瓦雷斯、里奇·沃勒、马克·怀特海德、艾莉森·威廉姆斯和克里斯·泽布罗夫斯基的想法、建议和灵感。在此特别感谢瑟尔斯外祖母和外祖父，感谢你们提供的曼兹利故事！

最后，感谢我的妻子和家人。